先进能源发展报告

能源科技创新指数研究

中国科学院武汉文献情报中心/组织

陈　伟　郭楷模　李岚春　等/著

科学出版社

北京

内 容 简 介

  本书在深入比较国内外科技创新评价方法实践的基础上，原创提出能源科技创新指数，从创新环境、创新投入、创新产出和创新成效四个维度构建了综合性指标体系和评估模型；在此基础上，应用能源科技创新指数测算评价二十国集团总体，以及主要发达经济体（七国集团）和代表性发展中经济体（金砖国家）的能源科技创新能力，客观反映各国能源科技创新的质量和效率；最后，对中国深入推动能源革命、加速清洁低碳转型提出政策建议。

  本书有助于读者了解国际能源科技发展态势、主要国家能源战略布局，以及中国加快能源强国建设需要弥补的短板和不足，可供各级决策管理部门、相关领域专家学者和高校师生，以及行业企业和感兴趣的社会公众阅读参考。

图书在版编目（CIP）数据

  先进能源发展报告：能源科技创新指数研究 / 陈伟等著 . —北京：科学出版社，2022.10

  ISBN 978-7-03-072533-2

Ⅰ. ①先… Ⅱ. ①陈… Ⅲ. ①新能源－研究报告 Ⅳ. ① TK01

中国版本图书馆 CIP 数据核字（2022）第 100208 号

责任编辑：石 卉 吴春花 / 责任校对：韩 杨
责任印制：李 彤 / 封面设计：有道文化

科学出版社 出版
北京东黄城根北街16号
邮政编码：100717
http://www.sciencep.com

北京建宏印刷有限公司 印刷
科学出版社发行 各地新华书店经销
*
2022 年 10 月第 一 版 开本：720×1000 1/16
2023 年 1 月第二次印刷 印张：16 1/2
字数：332 000
定价：188.00 元
（如有印装质量问题，我社负责调换）

序

　　能源是文明进步的基础和动力，攸关国计民生和国家安全。2021 年 12 月，中央经济工作会议提出：要深入推动能源革命，加快建设能源强国。这是党中央从稳步实施"碳达峰、碳中和"战略高度，聚焦能源绿色低碳转型而作出的重大部署，标志着"能源强国"正式纳入中国特色强国目标体系，对保障能源安全和能源绿色低碳转型发展提出了新的更高要求。

　　当前，全球正处于能源革命、工业革命、科技革命与人工智能互相叠加的大变革时期，能源科技创新正朝低碳化、电气化、数字化及交叉融合等多维度发展。多年来，世界主要发达国家极为重视能源科技创新能力建设。美国是全球能源革命与技术创新的领导者，藉由页岩革命推动"能源独立"转向"能源主导"，牢牢把控世界能源霸主地位。德国凭借先进的工业体系、高水平的技术创新能力，推动单一能源技术研发逐步转向系统集成耦合，形成高效、清洁、低碳的能源创新格局。法国在能源领域的技术优势显著，能源结构正从核电一枝独秀向核电、可再生能源并重的体系转变。日本将能源科技创新能力视为能源安全保障、能源稳定供给、实现脱碳化目标、提高产业竞争力的核心要素，营造了良好的能源技术创新产出和研发环境。

　　我国正处于从"能源大国"向"能源强国"迈进的加速期，能源科技创新能力是支撑能源强国建设的根本动力。如何正确认识、理解国际能源科技创新布局的现状和趋势，有针对性地弥补自身能源科技创新能力的短板和不足，加快建设能源强国，将是我国新时期实现能源高质量发展必须回答的问题。

　　我很高兴看到这本书针对上述问题做出了一些思考。书中从能源科技态势、科技创新理论等入手，解读能源科技创新的主要内涵、外延，基于能源科技创新概念和创新链分析，原创提出"能源科技创新指数"理论，并通过实践从创新环境、创新投入、创新产出和创新成效四个维度构建了一套综合性指标体系和评价模型，对主要发达国家和发展中国家能源科技创新能力进行案例分析，最后为我国高质量建设能源强国提出政策建议。该书视角新颖、论点科学、内容翔实，提出的这套方法可以为评估国家能源科技创新能力提供参考，反映国家能源科技创新质量和效率，为能源创新政策实践和国家层面的监测评价提供支撑和服务。我相信，这一研究成果在一定程度上能够为科技决策管理部门、能源科技工作者、政策研究工作者提供启示和借鉴。

在"双碳"目标下，我国需要构建新的能源体系，这对我国能源领域科技发展提出更高的要求。能源强国的实现是一个循序渐进的过程。希望有越来越多的研究团队开展前瞻性研究，提出系统性解决方案。通过大家的努力，为国家能源安全和能源革命作出贡献，助力我国绿色发展之路走得更好更远。

中国工程院院士

中国科学院大连化学物理研究所所长

2022 年 8 月

前言

当今世界，碳中和行动正在加速经济社会绿色低碳转型大潮。在国家需求导向和碳中和战略引领下，全球能源体系正在从化石能源主导向低碳多能融合方向转变，新一轮能源革命迅猛发展，呈现出低碳能源规模化，传统能源清洁化，能源供应多元化，终端用能高效化，能源系统智慧化的特点。能源科技创新是推动能源革命和工业革命的根本驱动力，是落实碳中和战略的最关键因素，新能源技术和一系列新兴技术的发展和深度融合，推动着能源生产、转化、输送、存储、消费全链条发生深刻变革。世界主要国家高度重视能源科技创新能力建设，制定相关发展战略、科研计划推动本国能源科技创新，支撑引领能源产业高质量发展，解决能源供应绿色低碳过渡、能源消费多能互补耦合、能源系统智慧网络建设等重大问题，构建清洁低碳、安全高效的现代能源体系，以抢占未来发展制高点。

面对国内外形势的深刻复杂变化，党的十八大以来，我国提出一系列能源安全新战略。2014 年 6 月，中央财经领导小组第六次会议从保障国家能源安全的全局高度，提出"四个革命、一个合作"能源安全新战略。2021 年 9 月，《中共中央 国务院关于完整准确全面贯彻新发展理念做好碳达峰碳中和工作的意见》统筹国内国际两个大局做出了实现碳达峰、碳中和的重大战略决策。2021 年 12 月，中央经济工作会议提出：要深入推动能源革命，加快建设能源强国。"知彼知己者，百战不殆"，伴随着国际竞争日趋激烈，能源强国建设迫切需要加强对世界主要国家能源科技创新能力的综合研判、比较研究。因此，基于能源领域特点建立一套科学、合理、涵盖能源科技创新链各环节的评价指标体系，以综合测度国家能源科技创新活动的效率和效果，从而科学评价世界主要国家的能源科技创新水平，有针对性地弥补我国的短板与不足，对于我国建设能源强国具有重要的战略意义和现实意义。

在此背景下，本书原创提出能源科技创新指数（energy technology innovation index，ETII），以能源科技创新为主题，以国家为评价对象，构建一套涵盖创新链环境、投入、产出、成效各环节的综合性指标体系和评估模型，力求全面、客观、准确地反映各国能源科技创新能力。全书共分为五章：第一章介绍能源科技创新的背景和意义，比较国内外能源科技创新评价的相关研究和实践；第二章从能源科技创新概念和创新链角度出发，提出 ETII 的四个维度、三个层次指标体系和测算模型；第三章利用 ETII 测度二十国集团（Group of Twenty，G20）[①]能源科技创新总体特征，并对比分析主要发达经济体［七国集团（Group of Seven，G7）[②]］、代表性发展中经济体［金砖国家（BRICS）[③]］的总体表现；第四章利用 ETII 测算 G7 和 BRICS 共 12 个典型国家各自的能源科技创新进展和主要特征，客观反映各国能源科技创新的质量和效率；第五章对研究结论进行总结，并提出在实践中落实能源科技创新评价、加快能源强国建设的政策建议。

本书相关研究成果得到了国家高端智库重点研究课题、中国科学院（A 类）战略性先导科技专项"变革性洁净能源关键技术与示范"、中国科学院文献情报能力建设专项"科技领域战略情报研究咨询体系建设"、中国科学院青年创新促进会人才项目、中国科学院武汉文献情报中心"一三五"择优支持项目的支持，研究过程中还得到了国家能源和中国科学院相关管理部门，以及中国科学院洁净能源创新研究院、中国科学院科技战略咨询研究院、中国科学院大连化学物理研究所、中国科学院广州能源研究所、中国科学院工程热物理研究所、中国科学院文献情报中心等单位相关领导、专家的支持和帮助，在此一并表示感谢！

由于科技创新评价内涵丰富，各国能源科技发展日新月异，加之作者的知识和经验有限，书中难免存在疏漏和不足之处，敬请广大读者批评指正！

陈　伟

2022 年 1 月

---

① G20 由中国、阿根廷、澳大利亚、巴西、加拿大、法国、德国、印度、印度尼西亚、意大利、日本、韩国、墨西哥、俄罗斯、沙特阿拉伯、南非、土耳其、英国、美国、欧盟 20 方组成。

② G7 由美国、德国、英国、法国、意大利、加拿大、日本七个主要工业国家组成。

③ BRICS 由巴西、俄罗斯、印度、中国、南非五国组成。

目录

第五章 结论和启示

附录 ETII 指标解释说明

第一章

能源科技创新评价概述

第一节 能源科技创新内涵与外延

科技创新是技术创新的深化与发展[①]。传统科技创新内涵的研究偏向微观角度，认为科技创新是科学和技术的发明创造及其新要素的应用，即主要聚焦在创新投入和产出方面，而没有涵盖创新链各环节，如影响创新活动的创新环境及创新活动带来的社会经济成效[②]。

目前，学术界多从宏观层面或系统整体来理解科技创新，即科技创新是由多要素共同组成的协同作用生态系统，包括科技创新涉及的各要素（如科学、技术、人员）之间，以及要素与外部环境（如政治、经济、社会）之间的交互作用系统。这意味着，科技创新不仅包括科学创新和技术创新本身，还包括支撑创新活动的环境（如法规、制度），以及创新活动产生的一系列社会经济效益（如节能减排效益），因此科技创新是一个覆盖创新链（如创新环境、创新投入、创新产出和创新成效）各环节的系统性活动。

综上分析，能源科技创新可作如下定义：能源范畴内科学、技术、制度、环境、产业等多要素协同作用的生态系统，上述要素分布在能源科技创新链的不同环节，因此能源科技创新也可以看作能源科技创新链各环节中不同要素之间的相互作用过程。

第二节 全球能源科技发展形势研判

能源是事关国家发展和安全的战略必争领域，特别是在当今经济高速发展的全球化时代更加明显。应对气候变化危机、经济可持续发展、国家能源安全和国际社会的稳定都与能源休戚相关。当前，全球能源领域正在经历战略和结

---

① 熊彼特.经济发展理论.何畏，易家祥等译.北京：商务印书馆，1990.
② 王乃明.论科技创新的内涵——兼论科技创新与技术创新的异同.青海师范大学学报，2005，5（112）：15-19.

构变革期，呈现出能源体系绿色低碳演变、能源供需格局深刻调整、能源价格持续低位震荡、能源地缘政治环境趋于复杂、气候履约刚性约束增强、新一轮能源革命兴起等趋势。变革传统能源开发利用方式、推动新能源技术应用、构建新型绿色低碳能源体系成为世界能源发展的方向。

科技决定能源的未来，科技创造未来的能源。能源科技创新在能源革命中起决定性作用，是推动能源革命的根本手段。环顾全球，新一轮能源科技革命在全球范围内蓬勃兴起，呈现出低碳能源规模化，传统能源清洁化，能源供应多元化，终端用能高效化，能源系统智慧化的整体特征，低碳技术创新与颠覆性能源技术突破是推动能源革命与工业革命、加速实现国家碳中和战略目标的最关键因素。在此背景下，主要发达国家（组织）纷纷以科技创新为先导，积极实施和调整能源科技战略。例如，美国从"能源独立"转向谋求"能源主导"战略新思路，推出了美国优先能源计划[①]、清洁能源革命计划[②]等；欧盟围绕能源系统转型开展研究与创新优先行动，出台了升级版欧洲战略能源技术规划（European Strategic Energy Technology Plan，SET-Plan）[③]；德国开展国家级研究计划推动高比例可再生能源转型，实施了第七期能源研究计划（7th Energy Research Programme）[④]、哥白尼计划[⑤]等；日本压缩核能发展新能源掌控产业链上游，出台了《能源革新战略》[⑥]和《能源环境技术创新战略》[⑦]等。各

① Guliyev F. Trump's "America first" energy policy, contingency and the reconfiguration of the global energy order. Energy Policy, 2020, 140: 111435.

② The Biden Plan for a Clean Energy Revolution and Environmental Justice. https://joebiden. com/climate-plan/[2021-01-08].

③ Towards an Integrated Strategic Energy Technology (SET) Plan: Accelerating the European Energy System Transformation. https://ec.europa.eu/energy/sites/ener/files/documents/1_EN_ ACT_part1_v8_0.pdf[2021-11-02].

④ Innovations for the Energy Transition: 7th Energy Research Programme of the Federal Government. https://www.bmwi.de/Redaktion/EN/Publikationen/Energie/7th-energy-research- programme-of-the-federal-government.pdf?__blob=publicationFile&v=3[2019-03-28].

⑤ Kopernikus-Projekte für die Energiewende. https://www.bmbf.de/bmbf/de/forschung/ energiewende-und-nachhaltiges-wirtschaften/energiewende/kopernikus-projekte-fuer-die- energiewende/kopernikus-projekte-fuer-die-energiewende.html [2022-03-09].

⑥ エネルギー革新戦略（概要）. https://www.cas.go.jp/jp/seisaku/saisei_energy2/dai4/ siryou3.pdf [2022-03-09].

⑦ 「エネルギー・環境イノベーション戦略（案）」の概要. http://www8.cao.go.jp/cstp/ siryo/haihui018/siryo1-1.pdf [2021-11-02].

国（组织）还积极出台长周期重大科研计划调动社会资源持续投入，致力于解决主体能源向绿色低碳过渡、能源消费多能互补耦合利用、终端用能深度电气化、智慧能源网络建设等重大问题，构建清洁低碳、安全高效的现代能源体系，抢占能源科技革命和产业变革的战略制高点。

伴随着国际竞争日趋激烈，能源强国建设迫切需要加强对主要国家能源科技创新能力的综合研判、比较研究。因此，基于能源领域特点建立一套科学、合理、涵盖能源科技创新链各环节的评价指标体系，以综合测度国家能源科技创新活动的效率和效果，从而科学评价世界主要国家的能源科技创新能力，为我国加快建设能源强国提供定标比超的科学参考，具有重要的战略意义和现实意义。

第三节　能源科技创新评价方法比较

一、国内外研究现状

能源科技创新评价能有效反映一个国家的能源科技创新能力，并测度国家能源科技创新活动效果。随着能源科技创新重要性的日益凸显，近年来国内外相关机构陆续开展了能源领域发展水平和创新能力的评价研究。在国际方面，世界能源理事会（World Energy Council，WEC）自 2007 年起每年发布《能源三难困境指数》[1]，基于能源安全、能源公平、环境可持续性和国家背景四个维度涵盖的 32 项竞争力度量指标，对比评价全球 128 个国家 / 地区能源系统绩效。清洁技术集团（Cleantech Group）于 2012 年首次发布《全球清洁技术创新指数》[2]，并于 2014 年、2017 年发布了更新版本，基于创新投入和创新产出两个维度的 15 项指标评价了 40 个国家 / 地区在孕育清洁技术初创企业和实现技术商业化方面的潜力。彭博新能源财经（BNEF）于 2012 年起每年发布《气候展望》（Climatescope）[3]，如 2019 年版报告从各国发展基础、投资机遇和发展

---

[1]　World Energy Trilemma Index |2019. https://www.worldenergy.org/assets/downloads/WETrilemma_2019_Full_Report_v4_pages.pdf[2021-11-02].

[2]　Global Cleantech Innovation Index-Reports. https://i3connect.com/gcii/reports[2021-11-02].

[3]　Climatescope: Emerging Markets Outlook 2019. https://global-climatescope.org/downloads/climatescope-2019-report-en.pdf[2021-11-02].

经验三个维度出发，设定了 167 项指标，为 104 个国家 / 地区的清洁能源发展状况打分，并进行最后排名。世界经济论坛（World Economic Forum，WEF）在 2012 年推出《全球能源转型报告》（Global Energy Transition Report），从能源系统绩效和能源转型就绪度两个维度涉及的 40 项指标来评估各国能源系统转型的进展。美国信息技术与创新基金会（Information Technology and Innovation Foundation，ITIF）于 2019 年发布了《全球能源创新指数：各国对全球清洁能源创新系统的贡献》[1]，基于技术研发、规模化应用和社会接纳三个维度 14 项评价指标，计算了 23 个"创新使命"（Mission Innovation）国家[2]的能源创新指数，以评估各国对全球能源创新的贡献。在国内方面，全球能源互联网发展合作组织（Global Energy Interconnection Development and Cooperation Organization，GEIDCO）在 2018 年提出了全球能源互联网发展指数（GEIDI）[3]的概念，由电力互联、绿色低碳和能源经济社会环境协调发展三个维度的 18 项量化指标构成，用于刻画和分析 140 个国家 / 地区能源转型的进程和成效。表 1-1 罗列了主要研究机构能源转型和创新评价报告指标体系对比。

表 1-1　主要研究机构能源转型和创新评价报告指标体系对比

序号	报告	发布机构	首次发布年份	发布频次	指标体系	评价对象
1	《能源三难困境指数》	世界能源理事会	2007	每年	四个维度：能源安全、能源公平、环境可持续性和国家背景；11 个方面，共 32 项指标	128 个国家 / 地区
2	《全球清洁技术创新指数》	清洁技术集团	2012	2012 年 / 2014 年 / 2017 年	两个维度：创新投入和创新产出；4 个支柱因素，共 15 项指标	40 个国家 / 地区
3	《气候展望》	彭博新能源财经	2012	每年	三个维度：发展基础、投资机遇和发展经验；共 167 项指标	104 个国家 / 地区

① Global Energy Innovation Index: National Contributions to the Global Clean Energy Innovation System. http://www2.itif.org/2019-global-energy-innovation-index.pdf[2021-11-02].
② 23 个"创新使命"成员国包括阿联酋、澳大利亚、奥地利、巴西、丹麦、德国、法国、芬兰、韩国、荷兰、加拿大、美国、墨西哥、挪威、日本、瑞典、沙特阿拉伯、意大利、印度、印度尼西亚、英国、智利、中国。
③ 张士宁，杨方，陆宇航，等 . 全球能源互联网发展指数研究 . 全球能源互联网，2018，1（5）：538-548.

序号	报告	发布机构	首次发布年份	发布频次	指标体系	评价对象
4	《全球能源转型报告》	世界经济论坛	2012	每年	两个维度：能源系统绩效和能源转型就绪度；10个支柱因素，共40项指标	115个国家/地区
5	《全球能源创新指数：各国对全球清洁能源创新系统的贡献》	美国信息技术与创新基金会	2019	—	三个维度：技术研发、规模化应用和社会接纳；共14项指标	23个国家
6	《全球能源互联网发展指数》	全球能源互联网发展合作组织	2018	—	三个维度：电力互联、绿色低碳、能源经济社会环境协调发展；共18项量化指标	140个国家/地区

二、存在的问题

综合对比上述各指标体系，可以发现存在以下问题。

（1）指标体系不够全面

能源科技创新评价是一项涵盖经济社会发展与能源、电力、碳排放等全领域的系统性研究工作，而上述评价研究主要聚焦能源科技创新的某一侧面，或能源结构，或清洁技术，或气候变化，未能针对能源科技创新本身，覆盖能源科技创新链的各环节。例如，其中部分研究指标体系缺少支撑科技创新活动的环境指标（如能源科技创新的政策、法规等制度建设），或者部分研究指标体系缺少能源相关产业发展指标（如电动汽车、氢能、储能产业发展等指标），未能全面反映能源科技创新活动的竞争力和成效。

（2）指标含义不够精准

上述部分报告中的指标体系所采用的指标是偏向经济社会层面的宏观指标，而并非聚焦在能源领域。例如，世界经济论坛提出的能源转型指数中采用的法律指标并非具体针对能源行业，而是整个经济社会层面，针对性不够；清洁技术集团提出的全球清洁技术创新指数中采用一般创新投入的整体性指标，不能真实反映能源创新投入的实际情况；美国信息技术与创新基金会提出的全球能源创新指数在规模化应用维度中，选取缓解气候变化技术的高价值专利反映创新产出的情况，但实际上该指标仅反映应对气候变化技术的创新情况；此外，部分研究指标体系在资金投入维度上，采用的是衡量国家整体公共和私人投资情况的指标，而并非具体的能源行业资金投入指标。

（3）创新成效指标评价欠缺

上述报告大部分是从创新投入和创新产出两个维度来评价能源系统转型（如世界经济论坛《全球能源转型报告》）或者清洁技术发展（如清洁技术集团《全球清洁技术创新指数》）进展情况。然而，能源科技创新是一个系统性工程，会带动能源产业高质量发展，涉及经济社会的方方面面，因此其发展变化必然也会产生一定的经济社会影响，即发展成效（如能源技术发展会影响环境质量、能源进口依存度影响能源安全等），因此需要考虑反映现代能源体系创新成效的指标，从而使评价研究更加全面。

第二章

ETII 研究方法

本书从能源科技创新概念和创新链角度出发，提出 ETII，用以衡量各国能源科技创新能力，切实反映国家能源科技创新质量和效率，旨在全面、科学、准确地分析不同国家在加快能源转型、清洁发展等方面的综合竞争力，为能源创新政策实践和国家层面的监测评价提供支撑和服务。

第一节　评价原则

综合分析上述国内外能源转型和创新评价研究成果可以发现，不同指标之间既相互独立又相互联系，组成系统有机整体，因此建立科学、合理、全面的 ETII 需要遵循以下四个原则。

（1）全面性原则

能源科技创新是多要素相互作用、影响的生态系统，包括直接要素（如能源科技创新人员、设施和经费等）、间接要素（如能源科技创新政策、法规等）和结果要素（如能源科技创新的科学产出、经济效益等）。因此，评价指标应覆盖影响能源科技创新的各种要素，并强调各要素的关联性，从而全面、客观地反映能源科技创新活动成效。

（2）可比较原则

在具体的分析中，指标体系需充分考虑不同国家发展实际情况和差异性，采用规模化和均量化指标相结合的方式。其中，规模化指标可反映一个国家能源科技创新的规模，经济体量和人口规模相对较大的国家通常表现相对较好；均量化指标可反映一个国家能源科技创新的投入和产出强度，人口规模相对较小的国家通常具有一定优势。因此，规模化和均量化指标相结合能有效反映国家经济体量和人口规模对国家能源科技创新能力的影响，分析角度更为多元化，易于全方位评价和监测。

（3）可获取性原则

指标选取要充分考虑实际应用中资料来源和数据支持的制约，要注重数据资料的可获取性。所选择的指标不仅应含义清晰，而且应以一定的现实统计数据作为基础。因此，需尽量选用权威的国际组织机构和国家官方公开的统计数据，以及国际知名研究机构发布的能源相关指标数据，以确保指标数据获取的权威性、准确性、时效性。

（4）可操作性原则

确保指标统计口径、数据采集、测算方法的科学性，既要充分反映指数评价的丰富内涵，又要使各项指标名称准确、概念明确、内容清晰，以便进行比较分析和实际应用，增强指标体系的可操作性。

第二节　评价范围

本书选取 G20 作为评价对象[①]。G20 作为全球经济发展的重要"火车头"，聚集了世界上主要的发达国家和新兴市场国家，其影响和作用举足轻重，是全球经济治理体系中创新发展和持续改革的领导者，他们科技创新的竞争力和活力将决定世界科技创新的未来和方向[②]。公开数据显示，G20 人口占全球人口的 62%[③]，国内生产总值（gross domestic product，GDP）占全球的 78%[④]，一次能源供应总量（total primary energy supply，TPES）占全球的 78%，能源终端消费占全球的 76%[⑤]，碳排放总量占全球的 81%[⑥]，可再生能源投资规模占全球的 87%[⑦]，电动汽车保有量占全球的 85%、公共充电桩（包括快充、慢

[①] 由于欧盟缺少在政府层面可比的管理制度、政策法规等指标，以及受英国"脱欧"、数据来源口径等多种因素影响，未纳入本书评价范围。

[②] 张蕙，黄茂兴 . G20 国家创新竞争力发展态势及其中国的表现 . 经济研究参考，2017（68）：3-13.

[③] 世界银行 . 网址为 https://data.worldbank.org.cn/indicator/SP.POP.TOTL[2021-11-02].

[④] 世界银行 . 网址为 https://data.worldbank.org.cn/indicator/NY.GDP.MKTP.PP.KD[2021-11-02].

[⑤] IEA World Energy Statistics and Balances[2021-11-02]. https://www.oecd-ilibrary.org/energy/data/iea-world-energy-statistics-and-balances_enestats-data-en[2021-11-02].

[⑥] IEA CO_2 Emissions from Fuel Combustion Statistics: Greenhouse Gas Emissions from Energy.https://www.oecd-ilibrary.org/energy/data/iea-co2-emissions-from-fuel-combustion-statistics_co2-data-en[2021-11-02].

[⑦] Global Trends in Renewable Energy Investment 2020. https://www.fs-unep-centre.org/wp-content/uploads/2020/06/GTR_2020.pdf[2021-11-02].

充）数量占全球的86%[1]，公共加氢站数量占全球的88%，燃料电池汽车保有量占全球的97%。此外，为支持《巴黎协定》将全球温升控制在2.0℃的目标，包括中国、澳大利亚、巴西、加拿大、法国、德国、印度、印度尼西亚、意大利、日本、墨西哥、韩国、沙特阿拉伯、英国、美国、欧盟等多个G20成员在内的25个国家和组织，在2015年《联合国气候变化框架公约》（United Nations Framework Convention on Climate Change）第21次缔约方会议（21st Conference of the Parties，COP21）上发起清洁能源领域全球多边合作的"创新使命"（Mission Innovation）机制，通过科研－政府－企业－资本之间的国际合作进一步推动全球清洁能源创新。

因此，G20在全球经济、科技和能源发展中，特别是在全球能源供应、能源消费、能源革命、清洁能源创新和国际合作等领域，发挥着举足轻重的作用。将其作为评价对象，在发展水平、覆盖地域、经济规模、政治制度、产业结构、资源禀赋等方面都具有充分的代表性，能够为我国加快能源强国建设提供重要的科学参考。

第三节　指标体系

ETII借鉴洛桑国际竞争力评价采用的标杆分析法（benchmarking），从创新环境、创新投入、创新产出和创新成效4个维度，以国家为评价对象进行科学测度，力求全面、客观、准确地表征各国能源科技创新能力在创新链不同环节的特点，形成一套比较完整的指标体系和评估模型。指标体系由4个一级指标、14个二级指标和60个三级指标组成，如图2-1所示。

一、创新环境维度指标

创新环境主要用来反映能源科技创新活动的制度建设、软环境营造情况，设定碳中和行动、政策环境、研发环境和清洁发展环境4个二级指标进行评估（表2-1）。其中，碳中和行动主要用来衡量G20国家在应对全球气候变化方面

---

[1]　Global EV Outlook 2021.https://www.iea.org/reports/global-ev-outlook-2021[2021-11-02].

图 2-1　ETII 指标体系

R&D: research and development, 研究与开发；PCT: patent cooperation treaty, 专利合作条约；
（-）表示负效指标，下同

的战略和政策雄心，包括碳中和战略目标、碳中和政策评估 2 个三级指标；政策环境主要反映国家能源科技创新战略规划制定、管理体制机制建设情况，以及对国际合作的引导和扶持力度，包括能源法律体系、能源发展战略、能源产业监管、能源管理体制和能源国际合作 5 个三级指标；研发环境主要用于衡量国家是否为能源科技创新活动提供完备的研发资助机制和投入建制化力量，包括国家能源研发计划、国家能源研发资助机构和国家能源科研机构 3 个三级指标；清洁发展环境主要衡量国家对清洁能源技术发展的支持力度，包括可再生能源发展、能效发展、电气化发展、先进核能发展、氢能发展和新能源汽车发展 6 个三级指标。

表 2-1 创新环境维度指标

一级指标	二级指标	三级指标
1 创新环境	1.1 碳中和行动	1.1.1 碳中和战略目标
		1.1.2 碳中和政策评估
	1.2 政策环境	1.2.1 能源法律体系
		1.2.2 能源发展战略
		1.2.3 能源产业监管
		1.2.4 能源管理体制
		1.2.5 能源国际合作
	1.3 研发环境	1.3.1 国家能源研发计划
		1.3.2 国家能源研发资助机构
		1.3.3 国家能源科研机构
	1.4 清洁发展环境	1.4.1 可再生能源发展
		1.4.2 能效发展
		1.4.3 电气化发展
		1.4.4 先进核能发展
		1.4.5 氢能发展
		1.4.6 新能源汽车发展

二、创新投入维度指标

创新投入主要衡量国家对能源科技创新活动的资源投入力度、创新人才供给能力，以及创新活动所依赖的基础设施建设和投入水平，包括公共资金投入、人力投入和基础设施投入 3 个二级指标（表 2-2）。其中，公共资金投入主要评估国家支持能源科技研发活动的公共经费投入总量和强度情况，包括能源公共研发经费总额、能源公共研发经费投入强度、清洁能源公共研发经费占比和能源基础研究经费投入占比 4 个三级指标；人力投入主要评估国家参与能源创新活动的人员数，包括每百万人 R&D 人员（全时当量）数、万名就业人员中可再生能源从业人员数、太阳能从业人员数占可再生能源从业人员比例、风能从业人员数占可再生能源从业人员比例 4 个三级指标；基础设施投入主要反映国家能源基础设施建设水平，包括百万人口公共充电桩拥有量、电动汽车车桩比、加氢站数量、输电网长度、储能装机容量 5 个三级指标。

表 2-2　创新投入维度指标

一级指标	二级指标	三级指标
2　创新投入	2.1　公共资金投入	2.1.1　能源公共研发经费总额，百万美元
		2.1.2　能源公共研发经费投入强度，美元/千美元
		2.1.3　清洁能源公共研发经费占比，%
		2.1.4　能源基础研究经费投入占比，%
	2.2　人力投入	2.2.1　每百万人 R&D 人员（全时当量）数，人
		2.2.2　万名就业人员中可再生能源从业人员数，人
		2.2.3　太阳能从业人员数占可再生能源从业人员比例，%
		2.2.4　风能从业人员数占可再生能源从业人员比例，%
	2.3　基础设施投入	2.3.1　百万人口公共充电桩拥有量，个
		2.3.2　电动汽车车桩比（-）
		2.3.3　加氢站数量，个
		2.3.4　输电网长度，千米
		2.3.5　储能装机容量，千瓦

三、创新产出维度指标

创新产出维度包括 3 个二级指标：知识创造、技术创新、产业培育，反映能源科技创新成果产出（论文、专利、示范项目、产业化）情况（表 2-3）。知识创造反映国家能源科技创新产出能力和知识传播能力，包括单位 GDP 能源科技论文发文量、人均能源科技论文发文量和 TOP 1% 高被引能源科技论文 3 个三级指标；技术创新主要从高价值专利角度来评估国家能源科技创新产出能力，包括能源领域五方专利申请量[①]、能源领域 PCT 专利申请量 2 个三级指标；

① 五方专利申请是指在美国、韩国、日本、中国，以及欧洲专利局均进行了同族专利申请。

产业培育主要评估能源科技创新活动吸引投资、产业化发展等方面的情况，包括全球新能源企业 500 强数量、可再生能源国家吸引力指数、可再生能源投资总额（不含大水电）、可再生能源装机总量（不含水电）、氢能示范项目产能、先进核能示范项目数量和电动汽车市场份额 7 个三级指标。

表 2-3　创新产出维度指标

一级指标	二级指标		三级指标
3　创新产出	3.1　知识创造		3.1.1　单位 GDP 能源科技论文发文量，篇 / 百亿美元
			3.1.2　人均能源科技论文发文量，篇 / 百万人
			3.1.3　TOP 1% 高被引能源科技论文，篇
	3.2　技术创新		3.2.1　能源领域五方专利申请量，件
			3.2.2　能源领域 PCT 专利申请量，件
	3.3　产业培育		3.3.1　全球新能源企业 500 强数量，家
			3.3.2　可再生能源国家吸引力指数
			3.3.3　可再生能源投资总额（不含大水电），百万美元
			3.3.4　可再生能源装机总量（不含水电），吉瓦
			3.3.5　氢能示范项目产能，标准米^3/ 小时
			3.3.6　先进核能示范项目数量，个
			3.3.7　电动汽车市场份额，%

四、创新成效维度指标

创新成效通过能源结构调整、能源安全改善、碳减排、节约能源、经济增长等方面，表征清洁低碳、安全高效的现代能源体系的建设效果，反映能源科技创新的经济社会效益。该维度共设 4 个二级指标，分别为清洁发展、低碳发展、安全发展和高效发展（表 2-4）。清洁发展主要用以评估清洁能源技术发展情况，包括人均可再生能源发电量、人均生物燃料生产量、非化石能源发电量占比、$PM_{2.5}$ 浓度、空气污染致死率 5 个三级指标；低碳发展包括一次能源碳强度、单位 GDP 能源相关二氧化碳强度、人均能源相关二氧化碳排放量、人均可再生能源消费量、现代可再生能源占终端能源消费比例 5 个三级指标；安全发展主要分析国家能源安全供应水平，包括燃料进口占总商品进口的比例、能源进口依存度、主要能源资源储产比、一次能源和电力供应多样性 4 个三级指标；高效发展旨在评价能源科技创新活动对改善能源强度、电力利用率、核电运行绩效、输配电效率等方面的作用，包括一次能源强度、单位能耗 GDP 经济产出、电力装机容量利用率、核电容量因子、输配电损耗 5 个三级指标。

表 2-4 创新成效维度指标

一级指标	二级指标	三级指标
4 创新成效	4.1 清洁发展	4.1.1 人均可再生能源发电量，千瓦时
		4.1.2 人均生物燃料生产量，千克标油
		4.1.3 非化石能源发电量占比，%
		4.1.4 PM$_{2.5}$ 浓度，微克 / 米^3（－）
		4.1.5 空气污染致死率，人 / 百万人（－）
	4.2 低碳发展	4.2.1 一次能源碳强度，吨二氧化碳 / 吨标油（－）
		4.2.2 单位 GDP 能源相关二氧化碳强度，千克二氧化碳 / 美元（按 2015 年购买力平价）（－）
		4.2.3 人均能源相关二氧化碳排放量，吨二氧化碳（－）
		4.2.4 人均可再生能源消费量，千克标油（－）
		4.2.5 现代可再生能源占终端能源消费比例，%
	4.3 安全发展	4.3.1 燃料进口占总商品进口的比例，%（－）
		4.3.2 能源进口依存度，%（－）
		4.3.3 主要能源资源储产比，年
		4.3.4 一次能源和电力供应多样性
	4.4 高效发展	4.4.1 一次能源强度，兆焦 / 美元（按 2017 年购买力平价）（－）
		4.4.2 单位能耗 GDP 经济产出，美元（按 2017 年购买力平价）/ 兆焦
		4.4.3 电力装机容量利用率，%
		4.4.4 核电容量因了，%
		4.4.5 输配电损耗，%（－）

第四节   计算方法

ETII 计算采用国际上通用的标杆分析法，即根据评价基准值衡量所有被评价对象，并进行量化测算排序。本书各指标统计时间范围和来源详见附录。需要特别说明的是，某些统计指标存在部分国家数据缺失的情况。

一、数据标准化处理

由于各个指标的量纲和量级不同而存在不可公度性，因此 ETII 综合评价采用无量纲化方法对数据进行标准化处理，消除不同指标量纲不同及其数值数量级间的差异所带来的影响，解决指标可综合性问题。

数据无量纲化方法众多，常见的方法有 min-max 标准化、Z-score 标准化、归一化法、小数定标（decimal scaling）标准化和功效系数法。由于不同国家经济发展水平、统计口径、数据公开差异，部分国家的某些数据存在缺失、异常、失真等情况。因此，为了真实反映评价对象的实际水平，在数据降噪处理基础上，本书采用功效系数法进行数据标准化处理。

功效系数法可以从不同侧面对评价对象进行计算，满足多指标综合评价的要求，转换函数如下。

正效指标：

$$y_{ij} = \frac{x_{ij} - x_{ij}^s}{x_{ij}^h - x_{ij}^s} = \frac{x_{ij} - x_{i\min}}{x_{i\max} - x_{i\min}} \quad (2\text{-}1)$$

负效指标：

$$y_{ij} = \frac{x_{ij}^h - x_{ij}}{x_{ij}^h - x_{ij}^s} = \frac{x_{i\max} - x_{ij}}{x_{i\max} - x_{i\min}} \quad (2\text{-}2)$$

式中，x_{ij} 为某一指标实际数值；y_{ij} 为某一指标标准化值；x_{ij}^s 为样本数据的不允许值；x_{ij}^h 为样本数据的满意值；$x_{i\max}$ 为样本数据的最大值；$x_{i\min}$ 为样本数据的最小值；i=1 ～ 19，j=1 ～ 60。

二、指标权重确定

本书采用逐级等权法对各级指标进行权数分配，即各一级指标的权重均为 $1/m$（m 为一级指标的数量）；二级指标的权重为 $1/(mn)$（n 为二级指标的数量）；依此类推，底级指标的权重为 $1/(mn\cdots k)$（k 为底级指标的数量）。

该方法不仅简化了统计计算，而且测算结果更加直观，指标权重均等化分配，进一步突出指标要素的独立存在、分工协作、相辅相成，与 ETII 的整体性和系统性保持一致。本书在测算结果中，最终得分按百分制换算。

三、综合指数计算

ETII 计算方法如下。

1）三级指标 y_{ij}：

正效指标：

$$当 x_{ij} \geqslant \overline{x}_{ij} 时，\ y_{ij} = \left(0.6 + \frac{x_{ij} - \overline{x}_{ij}}{x_{i\max} - \overline{x}_{ij}} \times 0.4 \right) \times \alpha_i$$

$$当 x_{ij} < \overline{x}_{ij} 时，\ y_{ij} = \left(0.6 \times \frac{x_{ij}}{\overline{x}_{ij}} \right) \times \alpha_i \tag{2-3}$$

负效指标：

$$当 x_{ij} \leqslant \overline{x}_{ij} 时，\ y_{ij} = \left(0.6 + \frac{\overline{x}_{ij} - x_{ij}}{\overline{x}_{ij} - x_{i\min}} \times 0.4 \right) \times \alpha_i$$

$$当 x_{ij} > \overline{x}_{ij} 时，\ y_{ij} = \left(0.6 \times \frac{x_{i\max} - x_{ij}}{x_{i\max} - \overline{x}_{ij}} \right) \times \alpha_i \tag{2-4}$$

式中，α_i 为三级指标权重；$\overline{x}_{ij}$ 为某一指标的数据平均值；$i=1 \sim 19$，$j=1 \sim 60$。

2）二级指标 Y_{ij}：

$$Y_{ik} = \sum_{l=1}^{n_k} \beta_i \times y_{i(l+5k-5)} \tag{2-5}$$

式中，β_i 为二级指标权重；n_k 为二级指标下三级指标数量；$i=1 \sim 19$，$k=1 \sim 14$，$l=1 \sim n_k$。

3）一级指标 M_{ij} 计算同式（2-5）。

4）综合指数 W_{ij}：

$$W_{ij} = \sum_{k=1}^{4} w_i \times M_{ik} \tag{2-6}$$

式中，w_i 为一级指标权重；M_{ik} 为一级指标值；$i=1 \sim 19$，$k = 1 \sim 4$。

第三章

ETII 评价分析

本章对除欧盟外的 19 个 G20 国家能源科技创新能力进行客观测度，得出 ETII 总体结果和创新环境、创新投入、创新产出和创新成效四个维度的结果，以深入剖析 G20 国家能源创新特征。

第一节　ETII 总体评价

一、G20 国家能源科技创新格局清晰

根据指数评价结果（图 3-1），发达国家美国、德国、法国、日本、英国、加拿大、韩国等处在高分区段，中国是唯一得分排前十位的发展中国家。巴西、印度等其他 BRICS 国家处于能源创新爬升期。低分区段国家为阿根廷、印度尼西亚、沙特阿拉伯。G20 国家能源科技创新鸿沟明显存在。发达经济体 ETII 综合指数排名相对靠前，几乎在创新环境、创新投入、创新产出和创新成效四个维度上均占据优势。同时，发展中国家亦逐步通过加大投入力度推动更加系统、彻底的能源转型。

美国作为发达国家的代表，是全球能源革命与技术创新的领导者。从 ETII 的评价结果来看，美国的领先优势主要表现在以下几个方面：一是美国有着较为系统全面的能源政策与监管体系、明确的国家能源战略、成熟的国家研发计划体系、良好的清洁发展环境，以及持续高强度的研发资金投入和清洁技术基础设施建设；二是在反映创新产出规模的指标上领先优势显著，技术专利产出表现强劲，氢能、核能等示范项目均大幅领先，且可再生能源市场极具吸引力；三是在创新成效的清洁、安全、高效发展上均处于靠前的位置，不过碳排放强度仍未得到有效改善，使得低碳发展表现相对较差。但是，作为全球累计碳排放量最多的国家，美国在碳中和政策评估上处于中等水平，这与英国、德国等差距甚远。

作为发展中国家的典型代表，中国 ETII 综合指数表现居于前列，在能源科技创新投入、环境营造、产业培育上具有典型特征，创新环境、创新投入、创新产出三个维度的表现超出大部分发达经济体，创新能力愈加凸显。就绝对值而言，中国在能源研究、开发和示范（RD&D）经费投入及人力投入、科技论文产出、技术专利产出、产业培育等领域均处在前列，超过大部分发达经济体。但在以相对量指标为主的创新成效的表现上却乏善可陈，在碳强度、可再

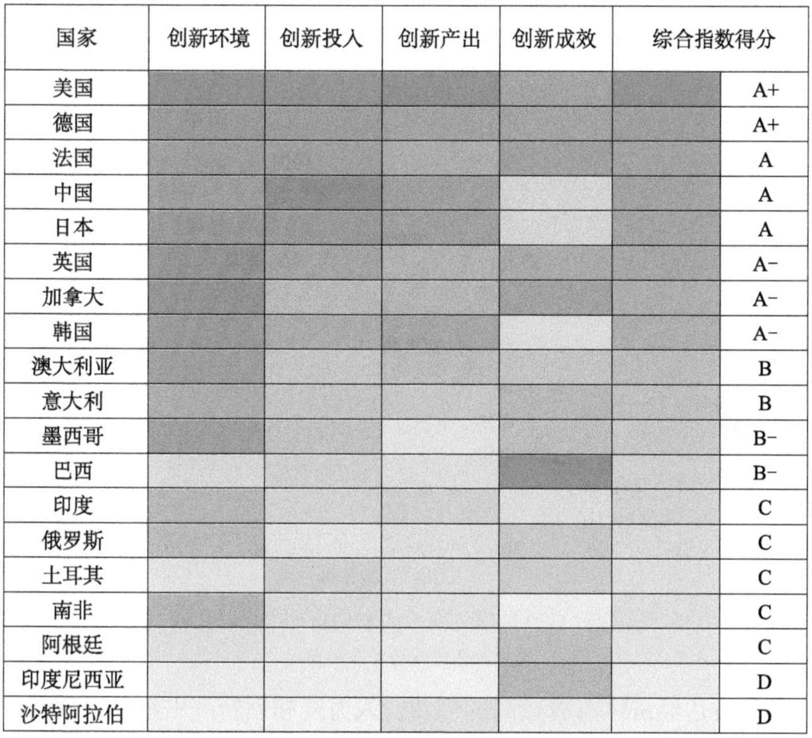

国家	创新环境	创新投入	创新产出	创新成效	综合指数得分
美国					A+
德国					A+
法国					A
中国					A
日本					A
英国					A-
加拿大					A-
韩国					A-
澳大利亚					B
意大利					B
墨西哥					B-
巴西					B-
印度					C
俄罗斯					C
土耳其					C
南非					C
阿根廷					C
印度尼西亚					D
沙特阿拉伯					D

图 3-1　ETII 指标得分热力图

颜色越深代表得分越高。其中，A+ 代表得分大于 70 分，A 代表 65～70 分，A- 代表 60～65 分，B+ 代表 55～60 分，B 代表 50～55 分，B- 代表 40～50 分，C 代表 30～40 分，D 代表 20～30 分

生能源消费和供应结构、空气污染治理、能源产出效率等关键方面表现欠佳。

二、高效产出依赖活跃创新投入

通过分析 G20 国家创新投入与创新产出的关联特征，衡量各国在能源科技创新投入的效率和质量。

不同国家对能源科技创新的认识各有侧重，因此其投入、产出水平差异较显著。整体来看，更具活力、更高强度、多元形式的创新投入，能够带来与其水平规模相当的创新产出。这里分别以创新投入维度指标得分、创新产出维度指标得分为横、纵坐标轴，比较分析 G20 国家在能源领域的创新投入、创新产出关联特征，经三阶多项式趋势拟合，呈非直接的线性关系（R^2=0.90），如图 3-2 所示。

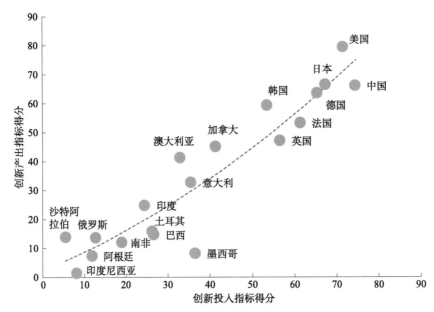

图 3-2　G20 国家创新投入和创新产出关联比较

图中红色虚线为拟合趋势线

大部分发达经济体有着较高的创新投入力度和创新产出水平，创新投入与产出比分布在 1 左右（图 3-3），说明创新投入力度能够带来与其相当的创新产出水平。一方面，美国、澳大利亚、加拿大、韩国等发达国家，相对创新投入力度而言创新产出水平更高；另一方面，也可以看出部分发达国家（如英国、法国）创新投入产出效率相对较低，但创新投入力度紧随美国、德国、日本。

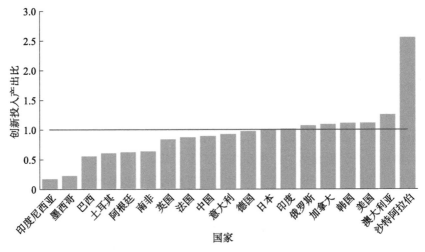

图 3-3　G20 国家创新投入产出比

图中红色横线为 G20 国家平均值

发展中国家仅中国在创新投入、创新产出均有较好的表现。中国有着较为系统的高强度创新投入，并取得了较好的产出效果，清洁能源领域发展迅速。印度尽管创新投入表现处在较低水平，但创新产出排名居于中游位置，特别是在产业培育上有较好的表现。南非、土耳其、巴西等国家相较于创新产出表现，其创新投入力度已具备一定水平。阿根廷、印度尼西亚在创新投入、创新产出排名上处于双低水平，创新投入水平较低，创新产出规模和质量亦明显不足。墨西哥尽管创新产出效果尚未完全显现或还处在初步阶段，但在创新投入的努力已显现。

需要注意的是，部分国家的得分与实际情况存在一定程度的偏差，较低的能源创新投入水平可能会造成相对较高的创新产出。例如，随着全球能源结构的快速转变，沙特阿拉伯正步入加大投入推动能源转型发展的初期阶段，尽管创新产出表现排名靠后，但相对其更低的创新投入力度易出现产出倍数效益。此外，不同国家数据的公开性和可获得性不一致，在一定程度上影响了指标得分，未能完全真实反映部分国家的能源科技创新投入、产出水平。例如，沙特阿拉伯在清洁能源公共研发经费占比、人力投入等指标，俄罗斯、阿根廷、南非在公共资金投入等指标相关数据存在缺失的情况。

三、ETII 呈五级方阵分布

为正确认识各国能源科技创新特征，根据 ETII 四个一级指标属性，可以将创新环境、创新投入归为总投入属性次级指数，创新产出、创新成效归为总产出属性次级指数，比较分析 G20 国家 ETII 分布规律和特征。

以创新环境、创新投入与创新产出、创新成效之和的平均值为交叉点，19 个 G20 国家主要分布在四个象限内。第一象限即创新环境和创新投入得分、创新产出和创新成效得分均高于平均值，为美国、德国、法国、中国、日本、英国、加拿大、韩国、澳大利亚 9 个国家；第二象限即创新环境和创新投入得分低于平均值、创新产出和创新成效得分高于平均值，19 个国家均未落在此象限；第三象限即创新环境和创新投入得分、创新产出和创新成效得分均低于平均值，为墨西哥、巴西、土耳其、印度、南非、俄罗斯、阿根廷、印度尼西亚、沙特阿拉伯 9 个国家；第四象限即创新环境和创新投入得分高于平均值、创新产出和创新成效得分低于平均值，仅为意大利，这与其电动汽车、氢能等基础设施建设缓慢及其弃核、能源自给率低等因素有关，如图 3-4 所示。

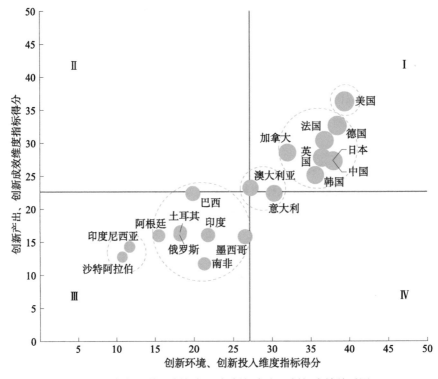

图 3-4　创新环境、创新投入与创新产出、创新成效关系图

图中红色垂直线为创新环境、创新投入维度指标得分之和的平均值，红色水平线为创新产出、创新成效维度指标得分之和的平均值。蓝色气泡越大代表综合指数得分越高

根据创新环境、创新投入与创新产出、创新成效维度指标的分布特征，可以将 G20 国家分为 5 个创新类型。

1）创新引领国：美国在创新环境的营造，创新资金、人力、基础设施的投入以及创新产出规模、质量上领先优势明显。其总得分在 75 分以上，创新产出、创新成效均居第一，为 ETII 第一方阵国家。

2）创新先进国：德国、法国、中国、日本、英国、韩国、加拿大等国家正在加速推进能源科技创新步伐，具有良好的创新环境和创新投入水平，同时具有较好的产出规模、质量和创新成效。其总得分在 60 ～ 75 分，为 ETII 第二方阵国家。

3）创新成长国：意大利、澳大利亚在创新环境、创新投入上的表现明显优于 G20 国家平均值，而创新产出、创新成效明显低于 G20 国家平均值，能源科技创新所需的政策、监管、研发、转型发展等环境营造以及资金、人力、基础设施的"人、财、物"投入等创新要素加快集聚，而投入产出效能尚未显现。其总得分在 50～60 分，为 ETII 第三方阵国家。

4）创新潜力国：墨西哥、巴西、印度、土耳其、俄罗斯、南非、阿根廷等国家表现出良好的创新成长空间，通过能源转型发展有可能成为新的创新驱动发展国家。其总得分在 30～50 分，为 ETII 第四方阵国家。

5）创新滞后国：印度尼西亚、沙特阿拉伯正逐步优化能源科技创新布局，创新环境营造相对较差、创新投入相对较弱，创新产出和创新成效较低，整体创新水平有待加强。其总得分低于 30 分，为 ETII 第五方阵国家。

第二节　四个创新维度评价结果分析

本节主要分析 ETII 的创新环境、创新投入、创新产出、创新成效四个一级指标维度分布特征。

一、国家政策决心影响创新环境营造

在当今全球创新竞赛和能源转型愈发激烈的时代，发达经济体和发展中经济体都需要促进能源科技创新，并通过行之有效的创新解决方案来应对全球气候变化和能源挑战。通过国家层面的政策手段，统筹规划有限的人力、物力、财力和技术资源等，聚焦能源技术战略制高点，成为营造良好创新环境的关键因素。

从创新环境维度评价结果来看，大部分 G20 国家在能源科技创新环境营造方面表现出较为强烈的政策信号。将各国创新环境评价结果按百分制折算，结果如图 3-5 所示。

以 G7 为代表的发达国家均展示出营造良好政策体系、研发计划、清洁技术发展环境的政策决心，其表现普遍强于发展中国家；同时，发展中国家亦做出了较大努力，中国在研发环境、政策环境上表现突出，印度、南非、俄罗斯等国家营造出较好的政策环境，如图 3-6 所示。需要说明的是，创新环境维度指标主要采用二元变量（有、无）或多元计项方法测算，以此直接反映一国政府在持续营造良好环境方面的政策努力。

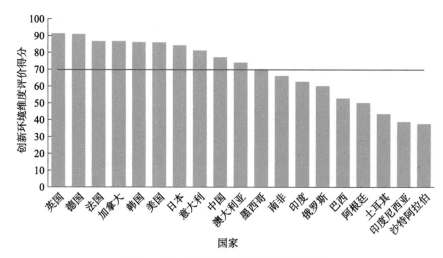

图 3-5　G20 国家创新环境维度评价结果

图中红色横线为 G20 国家平均值

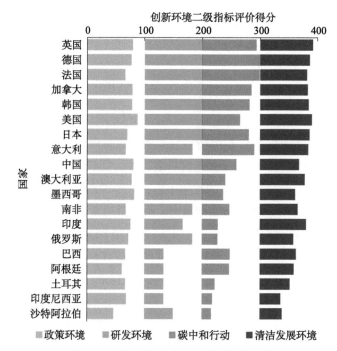

图 3-6　创新环境维度二级指标评价结果

图中每项指标测算结果均按百分制折算，各项指标标准分为 100 分，各国实际得分以条形图示意，余同

应对气候变化是后疫情时代全球最为关注的议题，碳中和行动加速了全球经济绿色低碳转型。以德国、法国、英国等为代表的发达国家碳中和行动起步较早，形成了相对完善的碳中和政策框架。各国在碳中和行动指标上的评价结果如图 3-7 所示。

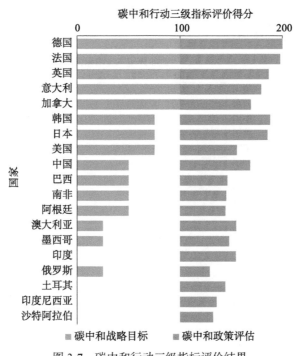

图 3-7 碳中和行动三级指标评价结果

在政策环境上，除沙特阿拉伯外，其他国家均制定了面向能源全领域的法律法规，19 个 G20 国家均从国家层面制定了能源领域的总体发展战略。俄罗斯、沙特阿拉伯尚无专门的能源产业监管机构。韩国、美国、英国有全球最适宜的营商环境，发达经济体普遍优于发展中国家，中国、沙特阿拉伯的营商环境在持续提升[①]。美国、俄罗斯、印度、墨西哥均设有独立的能源主管部门，加拿大、德国、英国、韩国、澳大利亚、巴西、印度尼西亚、土耳其等采取能源与矿产资源、生态环境或气候相关部门综合管理的大部制，中国、阿根廷、法国、意大利、日本等能源管理机构相对弱化，一般为经济或商务等

---

① Doing Business 2020. https://documents1.worldbank.org/curated/en/688761571934946384/pdf/Doing-Business-2020-Comparing-Business-Regulation-in-190-Economies.pdf[2021-11-02].

部门下属机构。美国、韩国、日本、加拿大等发达国家和中国积极参与国际能源署（International Energy Agency，IEA）的技术合作研究计划（Technical Cooperation Programme，TCP）、多边合作机制，有力推动全球能源科技创新与合作；印度、英国、加拿大、墨西哥、中国等国家还是"创新使命"组织的"使命挑战"技术合作研究计划的积极领导者或参与者。各国在政策环境指标上的评价结果如图 3-8 所示。

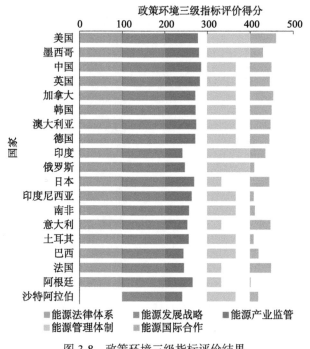

图 3-8　政策环境三级指标评价结果

在研发环境上，发达国家建立了比较成熟的能源科技创新研发体系，而大部分发展中国家能源研发环境有待加强或信息公开性差难以准确评估，各国在研发环境指标上的评价结果如图 3-9 所示。具体来看，土耳其、印度尼西亚、巴西、阿根廷四个国家均未设有国家能源研发计划和国家能源研发资助机构或相关信息难以获取，研发布局存在不足；俄罗斯、南非两国均制定了明确的国家能源研发计划，资金来源于国家能源研发资助机构的下属部门；印度设有电力、电动汽车等国家能源研发计划，但国家能源研发资助机构信息难以获取；沙特阿拉伯在国家层面的科技政策将能源设为研发优先领域，但国家能源研发资助机构信息难以获取。

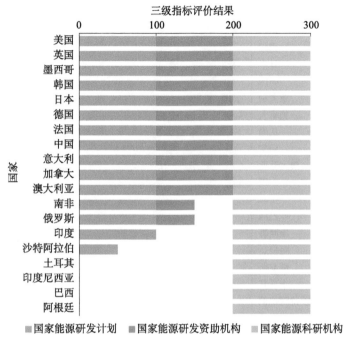

图 3-9　研发环境三级指标评价结果

在清洁发展环境上，除美国外的发达国家普遍构建起了相对完善的可再生能源发展环境，发展中经济体巴西、中国、印度等可再生能源发展环境也初显成效；与此同时，发达国家经过多年努力建立了良好的能效发展环境，中国、印度等国家能效发展环境也得到明显改善。在电气化发展上，印度、南非、印度尼西亚仍存在明显差距。美国、中国、俄罗斯等传统核能国家构建了较为完善的支持先进核能发展的政策体系，制定了专门的法律法规、发展战略，并建立了产业监管体系。在氢能发展上，美国、德国、日本等主要国家先后出台了支持氢能发展的国家战略，美国、韩国、意大利、阿根廷等制定了相关法律法规。在新能源汽车发展上，发达国家普遍形成了较为完备的法律法规、发展战略和产业监管体系。各国在清洁发展环境上的评价结果如图 3-10 所示。

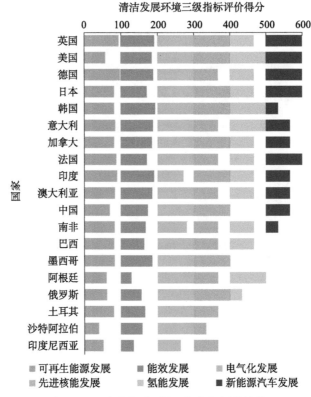

图 3-10　清洁发展环境三级指标评价结果

二、能源科技创新投入呈多极化分布

由于参差不齐的发展水平、能源结构和战略布局，G20 国家在创新投入维度上的评价结果差距显著，如图 3-11 所示。其中，评价结果最低的沙特阿拉伯得分仅为中国的 1/14，G20 国家平均值的 1/8。一方面，与各国能源结构有直接关系，能源资源型国家在可再生能源人力投入强度上相对较弱，此外部分发展中国家在基础设施上的布局或建设相对缓慢；另一方面，也与数据公开情况有关，俄罗斯、沙特阿拉伯、阿根廷、巴西、印度、印度尼西亚在能源研发投入上均存在不同程度的数据缺失。

尽管 G20 国家正加速推动能源技术革命步伐，但能源科技创新所需的公共资金投入、人力投入、基础设施投入等主要集中在中国以及美国、日本、德国等发达国家，创新投入出现了多极化分布格局，如图 3-12 所示。

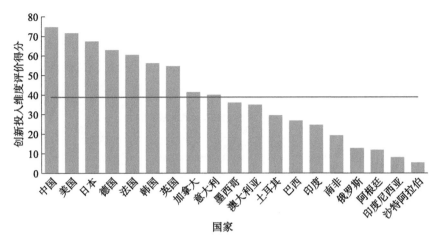

图 3-11　G20 国家创新投入维度评价结果

图中红色横线为 G20 国家平均值

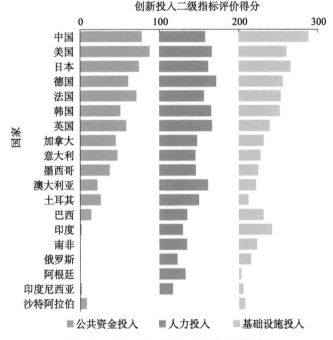

图 3-12　创新投入维度二级指标评价结果

　　在公共资金投入上，美国、中国能源公共研发经费总额优势显著，除澳大利亚外其他发达国家投入大量经费支持能源研发创新，如图 3-13 所示。日本、中国能源公共研发经费投入强度处于领先位置，大部分发达国家保持较高强度的资金投入，发展中国家中巴西表现良好，其他国家投入则相对不足。清洁能源研发备受重视，德国、法国、英国等发达国家非化石能源公共研发经费投入强度超过95%。美国重视能源基础研究，能源基础研究经费投入占比超过45%。

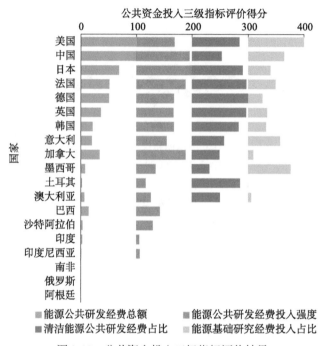

图 3-13　公共资金投入三级指标评价结果

在人力投入上，韩国每百万人 R&D 人员（全时当量）数处于领先位置，发达国家表现普遍强于其他国家，如图3-14所示。巴西在万名就业人员中可再生能源从业人员数处于领先位置，德国、中国、美国、日本等优势明显。在不同就业领域，日本、澳大利亚、中国、南非主要集中在太阳能，德国、英国、墨西哥主要集中在风能。

在基础设施投入上，中国、美国公共充电桩建设领先其他国家，但百万人口公共充电桩拥有量德国、法国、英国更高，如图3-15所示。日本加氢站数量处于领先位置，德国、美国、中国、韩国、法国等国家紧随其后。中国输电网长度处于领先位置，印度、美国、加拿大等国家不断在加大投入。中国储能装机容量领先其他国家，日本、美国亦具有一定优势。

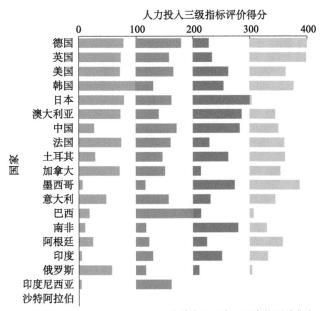

图 3-14 人力投入三级指标评价结果

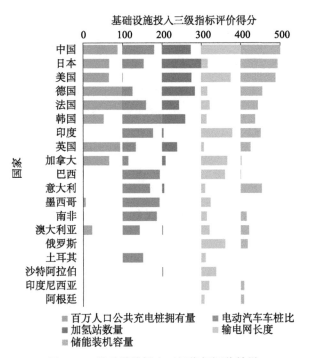

图 3-15 基础设施投入三级指标评价结果

三、能源创新生态加剧创新产出差距

　　G20 国家在创新产出维度指标差距最为显著。能源科技强国必然是具有较大创新规模、具备较强创新实力，同时相对于其人口和经济体量而言具有较高科技创新产出强度的国家。创新产出维度兼顾了相对指标和总量指标的比较特征，以相对指标反映知识产出强度与密度，以总量指标反映技术创新与产业规模，且在产业培育上选取了能够反映创新主体和要素的代表性指标。总体来看，G7 国家仍然占据领先地位，并继续保持优势，但新的参与者和领导者也在出现，如中国能源创新产出已成为重要一极，多项指标处于领先位置，如图 3-16 所示。

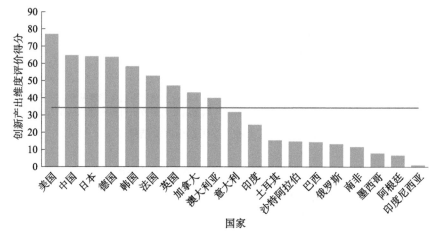

图 3-16　G20 国家创新产出维度评价结果

图中红色横线为 G20 国家平均值

　　创新产出维度主要反映能源领域科技创新的知识、技术、产业等产出规模或质量。在知识创造表现上，G20 国家之间分布相对均衡，中国、美国在产出规模指标处于领先地位，而澳大利亚、韩国、德国、加拿大等国家在产出强度指标上的表现更具优势。在技术创新表现上，日本、美国、德国、韩国、法国、中国等国家有着显著的领先优势，其他国家与之相差甚远。在产业培育表现上，主要发达国家美国、日本、德国、法国以及中国表现强劲，如图 3-17 所示。

　　在知识创造上，澳大利亚单位 GDP 能源科技论文发文量和人均能源科技论文发文量均处于领先位置，韩国、加拿大、德国优势显著，墨西哥、阿根廷、印度尼西亚表现明显不足；中国、美国 TOP 1% 高被引能源科技论文全球领先，其他国家与之相差甚远，如图 3-18 所示。

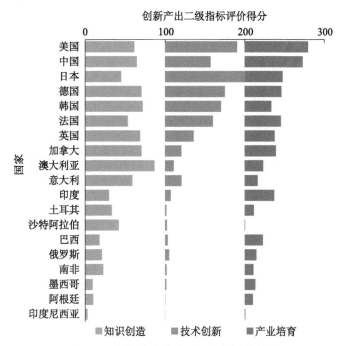

图 3-17　创新产出维度二级指标评价结果

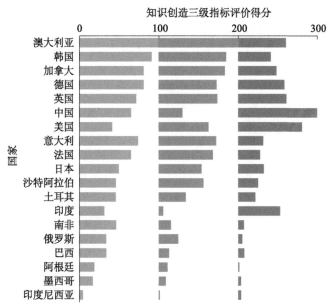

图 3-18　知识创造三级指标评价结果

在技术创新上，日本、美国、德国、韩国在能源领域五方专利申请量和能源领域 PCT 专利申请量方面优势明显，除中国外，其他发展中国家处于明显落后的位置，如图 3-19 所示。

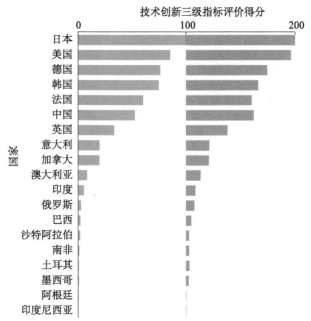

图 3-19　技术创新三级指标评价结果

在产业培育上，中国、美国、日本全球新能源企业 500 强数量处于领先位置，德国、韩国具有一定优势，如图 3-20 所示。美国、中国是全球最具吸引力的两大可再生能源市场，澳大利亚、英国、法国、德国以及印度表现出较大的潜力。美国氢能示范项目平均产能具有显著优势，加拿大也表现强劲，领先其他国家。中国是可再生能源投资总额（不含大水电）最多的国家，美国、日本、印度亦具备一定规模。中国可再生能源装机总量（不含水电）处于领先位置，美国、德国、印度、日本紧随其后，而印度尼西亚、沙特阿拉伯、阿根廷、南非、俄罗斯等国家落后较多。美国先进核能示范项目数量处于领先位置，俄罗斯、日本等国家表现强劲。欧洲国家电动汽车市场突飞猛进，德国、法国、英国电动汽车市场份额具有明显优势。此外，中国也表现较好。

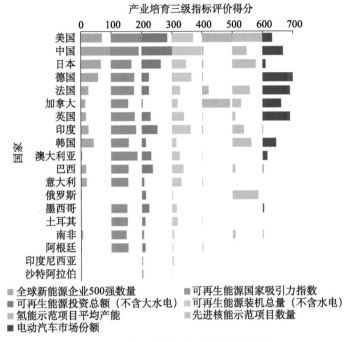

产业培育三级指标评价得分

图 3-20 产业培育三级指标评价结果

四、G20 国家创新成效表现趋于均衡

G20 国家在创新成效维度指标上差距最小、分布最为均衡，如图 3-21 所示。以巴西为代表的发展中国家在清洁发展、低碳发展等方面后来居上，并逐步改变以发达国家为主角的能源创新版图。特别是在能源安全发展与高效发展上，发展中国家正逐渐缩小与发达国家的差距。创新成效维度指标由 4 个二级指标、19 项三级指标组成，数量均最多，在同等数据分布情况下逐级等权重测算得分差距愈小。同时，创新成效主要反映创新对经济社会发展的影响，涵盖能够客观表征能源"清洁、低碳、安全、高效"发展水平的关键指标，且反映能源创新水平的正效、负效指标相结合，以相对量指标居多。

G20 国家在创新成效上均有一定的表现，且与各国能源供应和消费结构、能源依存度、经济产出率等有直接关系，如图 3-22 所示。首先，发达经济体在清洁发展和高效发展指标上的表现相对更好；其次，发展中国家处在经济快速发展与转型的交汇期，在可再生能源布局上相对较为突出，通过推动发展低碳能源技术应用带动经济增长和就业，如巴西在现代可再生能源占终端能源消费比例上领先其他国家。同时，能源出口国、资源型国家在能源系统安全发展上的表现明显强于能源进口国。

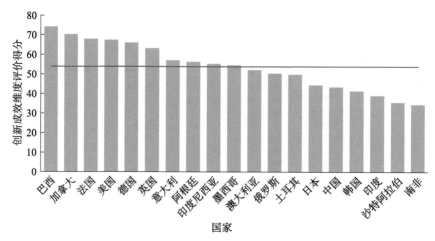

图 3-21　G20 国家创新成效维度评价结果

图中红色横线为 G20 国家平均值

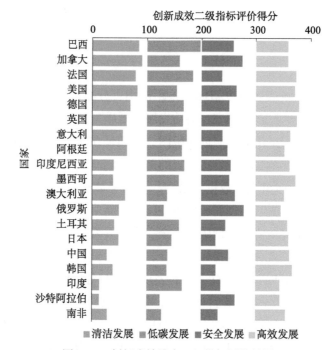

图 3-22　创新成效维度二级指标评价结果

在清洁发展上，加拿大人均可再生能源发电量优势显著，而南非、印度、印度尼西亚、沙特阿拉伯差距明显，如图 3-23 所示。美国、巴西人均生物燃料生产量较其他国家遥遥领先，阿根廷、加拿大、法国、德国表现强劲。法国非化石能源发电量占比处于领先位置，加拿大、巴西优势显著，沙特阿拉伯排名末尾。发达国家 $PM_{2.5}$ 浓度、空气污染致死率改善情况普遍优于发展中国家，俄罗斯亦改善明显，沙特阿拉伯以及印度、中国等发展中国家面临的形势仍较为严峻。

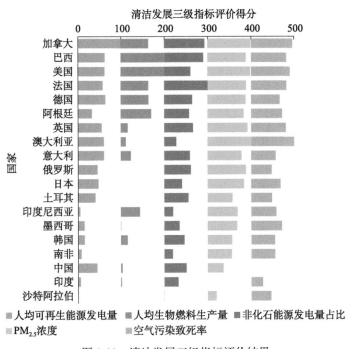

图 3-23　清洁发展三级指标评价结果

在低碳发展上，法国、巴西一次能源碳强度指标表现领先，加拿大、英国等国家优势明显，而南非、中国、澳大利亚表现欠佳，如图 3-24 所示。法国、英国、巴西单位 GDP 能源相关二氧化碳强度表现优异，而中国、俄罗斯、南非排名落后。发展中国家印度、巴西、印度尼西亚人均能源相关二氧化碳排放量处于较低水平，而沙特阿拉伯、美国、加拿大、澳大利亚人均能源相关二氧化碳排放量远超过其他 G20 国家。加拿大、巴西人均可再生能源消费量表现领先，美国、德国、法国、澳大利亚等国家排名靠前。巴西现代可再生能源占终端能源消费比例优势显著，远远超出其他国家，加拿大、意大利、法国、德国等也已具备一定成效。

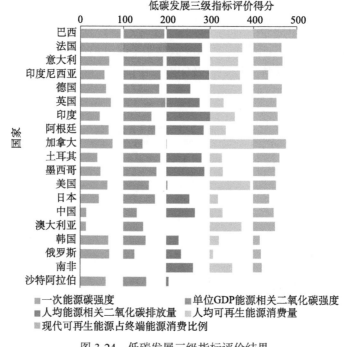

图 3-24　低碳发展三级指标评价结果

在安全发展上，俄罗斯、澳大利亚、沙特阿拉伯化石能源资源丰富，页岩气革命推动美国、加拿大加速实现能源独立，相反日本、韩国、意大利等由于自身资源匮乏，高度依赖能源进口；德国一次能源和电力供应多样性处于领先位置，除沙特阿拉伯、南非表现不足外，其他国家表现较为均衡，如图 3-25 所示。

在高效发展上，英国、意大利等国家是一次能源强度改善最为明显的发达国家，土耳其、墨西哥、印度尼西亚等发展中国家亦保持着较低的一次能源强度，这些国家单位能耗 GDP 经济产出较高。南非维持较高的电力装机容量利用率，韩国、印度尼西亚、加拿大等国家亦具有一定的优势。美国、巴西、中国核电容量因子保持较高水平，印度、阿根廷、日本核电容量因子较低。韩国、德国、日本、中国等国家保持着较低的输配电损耗，如图 3-26 所示。

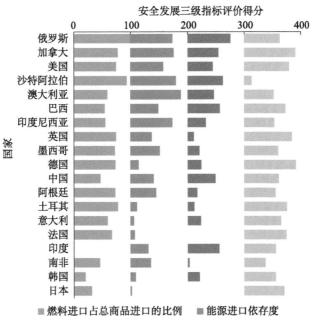

图 3-25　安全发展三级指标评价结果

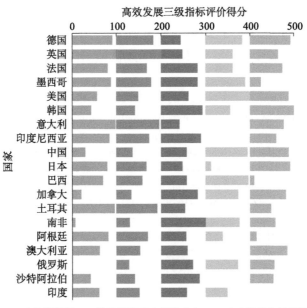

图 3-26　高效发展三级指标评价结果

第三节　G20 国家能源科技创新特征

　　ETII 评价更加注重宏观、中观、微观视角的融通评价，在对全球贡献、地理区域间呈现出比较明显的特征。总体来看，G20 国家在全球能源政策创新、研发投入以及科研产出、产业培育、现代能源体系构建等方面发挥了关键的引领、示范和带动作用。

一、碳中和行动加速能源科技创新顶层布局

　　受新冠肺炎疫情影响，全球百年未有之大变局加速演进，强化碳排放约束以应对气候变化已经成为国际社会共识，各国纷纷提出碳中和战略。在此背景下，G20 国家陆续公布了本国的碳中和目标及时间表：2019 年 6 月，法国[①] 和英国[②] 率先以立法形式制定了 2050 年的净零目标，随后意大利（意大利以欧盟公布的官方目标为准[③]）和德国[④]也通过立法制定了类似的目标，加拿大出台约束性法案《加拿大净零排放责任法》[⑤]。2020 年，中国在第七十五届联合国大会上做出二氧化碳排放力争于 2030 年前达到峰值，努力争取 2060 年前实现碳中和的政策宣示[⑥]。继中国之后，日本[⑦]和韩国[⑧]宣布在 2050 年实现碳中和，并

①　Loi énergie-climat.https://www.ecologie.gouv.fr/loi-energie-climat[2021-11-02].

②　The Climate Change Act 2008 (2050 Target Amendment) Order 2019. https://www.legislation. gov.uk/uksi/2019/1056/contents/made[2021-11-02].

③　European climate law-achieving climate neutrality by 2050. https://ec.europa.eu/info/law/better-regulation/ have-your-say/initiatives/12108-European-climate-law-achieving-climate-neutrality-by-2050[2021-11-02].

④　Climate Change Act (Klimaschutzgesetz). https://www.bundesregierung.de/breg-de/themen/ klimaschutz/kimaschutzgesetz-beschlossen-1679886[2021-11-02].

⑤　Canadian Net-Zero Emissions Accountability Act. https://parl.ca/DocumentViewer/en/43-2/ bill/C-12/first-reading[2021-11-02].

⑥　习近平在第七十五届联合国大会一般性辩论上的讲话（全文）. http://www.xinhuanet. com/politics/leaders/2020-09/22/c_1126527652.htm[2021-11-02].

⑦　Green Growth Strategy towards 2050 Carbon Neutrality. https://www.meti.go.jp/english/ press/2020/1225_001.html[2021-11-02].

⑧　The Republic of Korea's Update of its First Nationally Determined Contribution. https://www4. unfccc.int/sites/ndcstaging/PublishedDocuments/Republic%20of%20Korea%20First/201230_ ROK's%20Update%20of%20its%20First%20NDC_editorial%20change.pdf[2021-11-02].

出台了相应的政策文件，其中日本于2021年5月首次将碳中和目标写入修订后的《全球变暖对策推进法》[①]。南非政府批准到2050年实现温室气体净零排放的目标[②]，并计划要求国有电力公司Eskom在2050年前达成碳中和。阿根廷在气候雄心峰会以及最新《国家自主贡献》（Nationally Determined Contributions）方案中均承诺在2050年前实现碳中和，并将制定长期发展战略[③]。俄罗斯在向《联合国气候变化框架公约》最新提交的《国家自主贡献》方案中，提出制定2050年以前的国家低碳排放长期战略[④]。巴西提出2060年实现气候中和（净零排放）[⑤]，在2021年领导人气候峰会上将其目标期限提前到2050年[⑥]。美国拜登政府上台后也提出了雄心勃勃的"清洁能源革命和环境正义"计划以应对气候变化，确保实现100%的清洁能源经济，在2050年之前达到净零排放[⑦]，并更新其2030年排放目标（较2005年减排50%～52%）[⑧]。

能源系统绿色低碳转型是应对全球气候变化、实现碳中和战略愿景的关键途径之一。而要实现全社会经济系统的净零排放，能源生产和消费方式需要进行根本性变革。为此，G20国家纷纷出台强有力的国家能源转型战略，以推动本国能源系统转型：美国拜登政府宣布重返《巴黎气候协定》，提出2035年

---

① 地球温暖化対策の推進に関する法律の一部を改正する法律案の閣議決定について. http://www.env.go.jp/press/109218.html[2021-11-02].

② Low Emission Development Strategy 2050. https://www.environment.gov.za/sites/default/files/docs/2020lowemission_developmentstrategy.pdf[2021-11-02].

③ Argentina announces greater commitment in fight against climate change. http://www.xinhuanet.com/english/2020-12/13/c_139584970.htm[2021-11-02].

④ Nationally Determined Contribution of The Russian Federation. https://www4.unfccc.int/sites/ndcstaging/PublishedDocuments/Russia%20First/NDC_RF_eng.pdf[2021-11-02].

⑤ Brazil submits its Nationally Determined Contribution under the Paris Agreement. https://www.gov.br/mre/en/contact-us/press-area/press-releases/brazil-submits-its-nationally-determined-contribution-under-the-paris-agreement[2021-11-02].

⑥ New momentum reduces emissions gap, but huge gap remains-analysis. https://climateactiontracker.org/press/new-momentum-reduces-emissions-gap-but-huge-gap-remains-analysis/[2021-11-02].

⑦ The Biden Plan for A Clean Energy Revolution and Environmental Justice. https://joebiden.com/climate-plan/[2021-11-02].

⑧ Reducing Greenhouse Gases in the United States: A 2030 Emissions Target. https://www4.unfccc.int/sites/ndcstaging/PublishedDocuments/United%20States%20of%20America%20First/United%20States%20NDC%20April%202021%202021%20Final.pdf[2021-11-02].

电力零排放和2050年碳中和目标[1]。德国政府出台了以发展可再生能源为核心的《能源战略2050》（Energy Strategy 2050）[2]，描绘了德国中长期能源发展路线图，提出了到2050年实现能源结构转型的发展目标。日本福岛核事故后，德国政府加速了能源转型步伐，率先提出了全面弃核的能源转型战略[3]，确立了可再生能源和能效两大战略支柱，提出了中长期新能源发展和减排目标，即到2050年可再生能源电力占比达到80%。日本政府相继公布了能源中期和长期战略方案：一份是经济产业省发布的面向2030年产业改革的《能源革新战略》[4]，从政策改革和技术开发两个方面推行新举措，确定了节能挖潜、扩大可再生能源和构建新型能源供给系统三大改革主题，并分别策划了节能标准义务化、新能源固定上网电价（feed-in tariff，FIT）改革以及利用物联网技术远程调控电力供需等战略措施，以实现能源结构优化升级，构建可再生能源与节能融合型新能源产业；另一份是日本内阁综合科技创新会议发布的面向2050年技术前沿的《能源环境技术创新战略》[5]，主旨是强化政府引导下的研发体制，通过创新引领世界，保证日本开发的颠覆性能源技术广泛普及，实现到2050年全球温室气体排放减半和构建新型能源系统的目标。韩国公布了《第三次能源基本计划》[6]，提出降低煤炭发电比重，逐步退役核电，加快可再生能源发展，到2040年将可再生能源发电占比提高到30%～35%；加快构建清洁安全能源

① FACT SHEET: President Biden Takes Executive Actions to Tackle the Climate Crisis at Home and Abroad, Create Jobs, and Restore Scientific Integrity Across Federal Government. https://www.whitehouse.gov/briefing-room/statements-releases/2021/01/27/fact-sheet-president-biden-takes-executive-actions-to-tackle-the-climate-crisis-at-home-and-abroad-create-jobs-and-restore-scientific-integrity-across-federal-government/[2021-01-27].

② Energy concept for an environmentally sound, reliable and affordable energy supply. http://www.bmwi.de/English/Redaktion/Pdf/energy-concept,property=pdf,bereich=bmwi,sprache=en,rwb=true.pdf[2021-11-02].

③ Transforming our energy system - The foundations of a new energy age. https://secure.bmu.de/fileadmin/bmu-import/files/pdfs/allgemein/application/pdf/broschuere_energiewende_en_bf.pdf[2021-11-02].

④ エネルギー革新戦略（概要）.http://www.meti.go.jp/press/2016/04/20160419002/20160419002-1.pdf[2021-11-02].

⑤ 「エネルギー・環境イノベーション戦略（案）」の概要 . http://www8.cao.go.jp/cstp/siryo/haihui018/siryo1-1.pdf[2021-11-02].

⑥ 제3차 에너지기본계획 최종 확정 . http://www.motie.go.kr/motie/ne/presse/press2/bbs/bbsView.do?bbs_seq_n=161753&bbs_cd_n=81[2019-06-04].

系统，该计划将未来能源政策基本方向从供应中心结构转变为消费中心结构，如推出更多电费制供消费者选择，继续整顿天然气资费体系等。法国国会通过的《绿色增长能源转型法》[①]，提出优化能源结构，建立核电与可再生能源并行的混合电力系统，并确定了能源转型的短、中、长期目标。为了应对全球能源格局的新变化、新挑战，中国也积极谋划和布局，制定了《能源生产和消费革命战略（2016—2030）》[②]，提出 2021～2030 年，可再生能源、天然气和核能利用持续增长，高碳化石能源利用大幅减少。非化石能源占能源消费总量比重达到 20% 左右，天然气占比达到 15% 左右，新增能源需求主要依靠清洁能源满足。到 2050 年，能源消费总量基本稳定，非化石能源占比超过一半。《中华人民共和国国民经济和社会发展第十四个五年规划和 2035 年远景目标纲要》提出，单位 GDP 能源消耗和二氧化碳排放分别降低 13.5% 和 18%，主要污染物排放总量持续减少[③]。

二、G20 国家助推全球可再生能源快速发展

可再生能源是推动全球能源转型和应对气候变化的核心。G20 国家积极推动全球可再生能源发展，在有效应对全球能源和气候问题的同时，迈向绿色、低碳、清洁且可持续发展的能源新时代。本节将从能源结构、可再生能源就业、可再生能源投资等方面来分析 G20 国家的可再生能源发展概况。

（1）G20 国家引领全球能源结构转型

全球能源消费结构正在从传统化石能源占主导的消费结构逐渐向以可再生能源为主体的消费结构转变，G20 国家表现尤为显著。截至 2020 年底，G20 国家可再生能源装机总量占全球比例超过 78%。如果扣除水电，这一数值进一步攀升到约 84%。其中，仅中国（35.8%）、美国（12.9%）、德国（8.2%）、印

---

① Loi de transition énergétique pour la croissance verte. https://www.ecologique-solidaire.gouv.fr/loi-transition-energetique-croissance-verte[2021-11-02].
② 能源生产和消费革命战略（2016—2030）（公开发布稿）. https://www.ndrc.gov.cn/xxgk/zcfb/tz/201704/W020190905516411660681.pdf[2021-11-02].
③ 中华人民共和国国民经济和社会发展第十四个五年规划和 2035 年远景目标纲要 . http://www.gov.cn/xinwen/2021-03/13/content_5592681.htm[2022-01-25].

度（5.7%）、日本（3.5%）五个国家装机总量占全球比例为 66.1%，如图 3-27
所示。

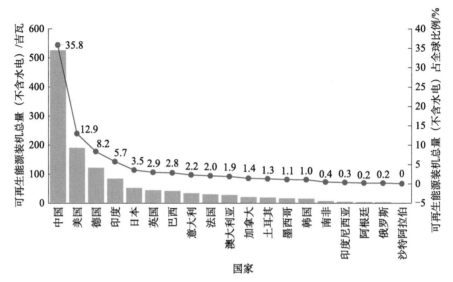

图 3-27　2020 年 G20 国家可再生能源装机总量（不含水电）及其占全球比例

资料来源：数据源自 Renewable Energy Statistics 2021. https://irena.org/-/media/Files/IRENA/Agency/
Publication/2021/Aug/IRENA_Renewable_Energy_Statistics_2021.pdf [2021-10-09]，经作者整理后绘制

　　G20 国家在发展可再生能源上的持续投入推动了可再生能源电力成本的大
幅下降，可再生能源电力占比提升，电力结构得到优化。2019 年，G20 国家
可再生能源在发电总量中的占比不断上升，达到 26.1%，如图 3-28 所示。

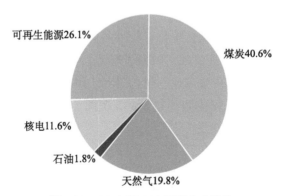

图 3-28　2019 年 G20 国家电力结构

资料来源：数据源自 IEA World Energy Statistics and Balances. https://www.oecd-ilibrary.org/energy/
data/iea-world-energy-statistics-and-balances_enestats-data-en[2022-01-15]，经作者整理后绘制

（2）发展中国家引领全球可再生能源就业市场

政策激励、技术进步、成本下降和基础设施的不断完善，快速推动 G20 国家可再生能源就业市场的蓬勃发展，并在全球范围内创造了大量就业机会。2019 年全球可再生能源从业人员连续七年保持增长，较 2018 年新增 50 多万人（增长 5%），从业人员总数创历史新高约 1150 万人，其中约 80% 分布在 G20 国家，主要集中在中国（436 万人，38.1%）、巴西（116 万人，10.1%）、印度（83 万人，7.3%）、美国（76 万人，6.6%）、印度尼西亚（52 万人，4.5%）等国家，如图 3-29 所示。

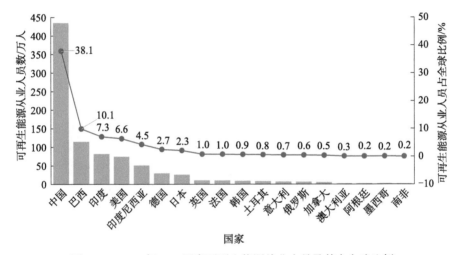

图 3-29　2019 年 G20 国家可再生能源从业人员及其占全球比例

资料来源：数据源自 Renewable Energy and Jobs：Annual Review 2020. https://www.irena.org/-/media/Files/IRENA/Agency/Publication/2020/Sep/IRENA_RE_Jobs_2020.pdf [2021-11-02]，经作者整理后绘制

从 G20 国家可再生能源就业市场的情况来看，太阳能和生物质能领域从业人员较多，占据了"半壁江山"，分别以 44.0% 和 28.6% 的比例位居前两位，如图 3-30 所示。

从技术领域来看，在国际可再生能源机构统计的 11 个细分领域中，G20 国家各领域从业人员占全球比例均超过了 50%，其中太阳能三个领域（太阳能制热/制冷、太阳能热发电、光伏）、气体生物质燃料、风能均超过 80%，如图 3-31 所示。

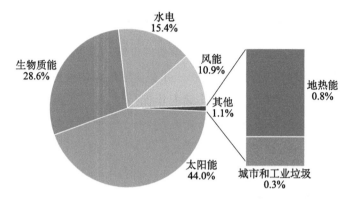

图 3-30　2019 年 G20 国家可再生能源领域从业人员结构

资料来源：数据源自 Renewable Energy and Jobs：Annual Review 2020. https://www.irena.org/-/media/
Files/IRENA/Agency/Publication/2020/Sep/IRENA_RE_Jobs_2020.pdf [2021-11-02]，经作者整理后绘制

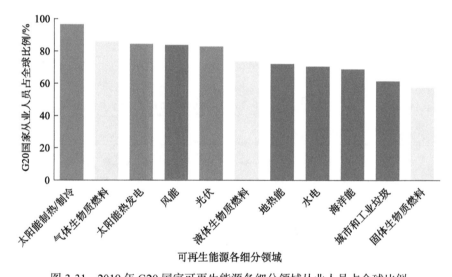

图 3-31　2019 年 G20 国家可再生能源各细分领域从业人员占全球比例

资料来源：数据源自 Renewable Energy and Jobs：Annual Review 2020. https://www.irena.org/-/media/
Files/IRENA/Agency/Publication/2020/Sep/IRENA_RE_Jobs_2020.pdf [2021-11-02]，经作者整理后绘制

橙色柱形图为太阳能技术领域，浅蓝色柱形图为生物质燃料技术领域，深蓝色柱形图为风能、地热能、水电、海洋能以及城市和工业垃圾领域

（3）G20 国家是可再生能源投资的主要市场

2019 年，全球可再生能源投资总额（不含大水电）达到 2588 亿美元，G20 国家投资合计达到 2073 亿美元，占比约 80%；其中，中国是全球第一大可再生能源投资市场，投资额占全球比例为 32.2%；美国以 21.4% 紧随其后，是全球第二大可再生能源投资市场。中国和美国成为全球可再生能源投资规模

最大的市场，如图 3-32 所示。

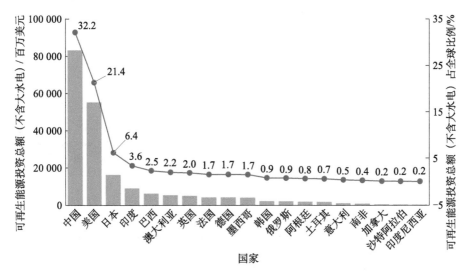

图 3-32　2019 年 G20 国家可再生能源投资总额（不含大水电）及其占全球比例

资料来源：数据源自 Global Trends in Renewable Energy Investment 2020. https://www.fs-unep-centre. org/wp-content/uploads/2020/06/GTR_2020.pdf [2020-07-09]，经作者整理后绘制

在安永会计师事务所（Ernst & Young）2020 年 11 月发布的第 56 版《国家可再生能源吸引力指数》[①] 评估中，全球前十位均是 G20 国家，表明 G20 国家具有良好的可再生能源投资吸引力，如图 3-33 所示。

三、能源科技创新研发竞赛如火如荼

环顾全球，新一轮能源科技革命和产业变革蓬勃兴起。世界主要国家特别是 G20 国家，均把能源技术创新视为新一轮科技革命和产业革命的突破口，制定各种重大创新研发计划 / 项目，推动能源科技研发创新。

长期稳定的经费支持是确保能源科技创新工作持续健康发展的关键因素之一。欧盟公布总额 1000 亿欧元的"地平线欧洲"（Horizon Europe）计划[②]，提

---

① Renewable Energy Country Attractiveness Index (RECAI)2020. https://assets.ey.com/content/dam/ey-sites/ey-com/en_gl/topics/power-and-utilities/power-and-utilities-pdf/ey-renewable-energy-country-attractiveness-index-v1.pdf[2021-11-02].

② Commission proposal for Horizon Europe THE NEXT EU RESEARCH & INNOVATION PROGRAMME (2021–2027). http://www.cpu.fr/wp-content/uploads/2018/06/R.-Tomellini-Horizon-Europe-20-06-2018.pdf[2021-11-02].

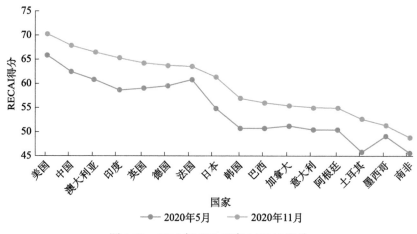

图 3-33　2020 年 G20 国家 RECAI 得分

资料来源：数据源自 Renewable Energy Country Attractiveness Index 55. https://assets.ey.com/content/
dam/ey-sites/ey-com/en_gl/topics/power-and-utilities/power-and-utilities-pdf/ey-renewable-energy-country-
attractiveness-index-v1.pdf[2022-03-09]；Renewable Energy Country Attractiveness Index 56. https://assets.
ey.com/content/dam/ey-sites/ey-com/en_gl/topics/power-and-utilities/ey-recai-56-edition.pdf [2021-10-15]，
经作者整理后绘制
图中数据分别为 RECAI 第 55 版（2020 年 5 月）和第 56 版（2020 年 11 月）的结果

出 2021 ～ 2027 年研究与创新资助框架，其中气候、能源与交通领域计划资
助 150 亿欧元，旨在以系统观视角来整合跨越学科、跨部门的力量，共同解决
能源转型面临的重大社会和环境挑战。德国政府公布《第七期能源研究计划》，
提出了 2018 ～ 2022 年总预算 64 亿欧元的资助计划，重点支持能效、可再生
能源电力、系统集成、核能和交叉技术五大主题研究工作，资助重点从单项技
术转向解决能源转型面临的跨部门和跨系统问题，同时引入应用创新实验室
（Living Labs）机制建立用户驱动创新生态系统，加快技术和创新成果转移转
化，推进德国能源转型。日本政府在面向 2030 年产业变革的《能源革新战略》
中提出，将资助 28 万亿日元用于与节能、可再生能源相关的政策制定和技术
研究，以改革日本能源生产和消费结构，并强调改革必须兼顾经济发展和全球
气候变暖问题。

　　2019 年，全球能源公共研发经费投入增长 3%，达到 300 亿美元，其中约
80%用于低碳技术（250 亿美元）[①]。中国、日本能源公共研发经费投入强度均
接近 0.06%，主要国家均有不同程度的增长，如图 3-34 所示。

①　World Energy Investment 2020. https://www.iea.org/reports/world-energy-investment-2020
[2021-11-02].

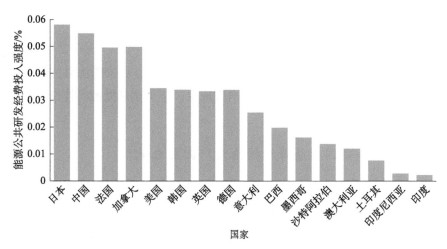

图 3-34　2019 年 G20 国家能源公共研发经费投入强度

资料来源：数据源自 Energy Technology RD&D Budgets. https://www.iea.org/data-and-statistics/data-product/energy-technology-rd-and-d-budget-database-2 [2021-11-02]，经作者整理后绘制

此外，清洁低碳成为 G20 国家能源技术研发经费投入的主要方向。除墨西哥外，经济合作与发展组织（Organization for Economic Cooperation and Development, OECD）成员国清洁能源公共研发经费占比均在 79% 以上，美国、德国、日本、英国、法国均已超过 90%；中国清洁能源公共研发经费占比达 73%，与发达国家仍有较大差距，如图 3-35 所示。

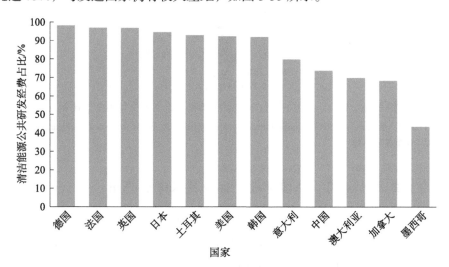

图 3-35　2019 年 G20 国家清洁能源公共研发经费占比

资料来源：数据源自 Energy Technology RD&D Budgets. https://www.iea.org/data-and-statistics/data-product/energy-technology-rd-and-d-budget-database-2[2021-11-02]，经作者整理后绘制

四、G20 国家能源科研产出水平参差不齐

在国家能源战略和能源项目 / 计划的驱动下，G20 国家能源科技创新不断取得进步，产出了大量的科学和技术研究成果，成为全球能源科技论文和技术专利产出的主导者。

（1）中国和美国是能源科技论文产出主力军

G20 国家主导了能源科技论文的产出，中国和美国处于绝对的领先地位。G20 国家能源科技论文发文量在全球比例接近 90%，其中中国占比最高，为 29.49%；美国以 15.88% 紧随其后，近三倍于排名第三的德国；中国和美国合计占比超过 40%，遥遥领先其他 G20 国家。在入选全球 TOP 1% 高被引能源科技论文中呈现出类似的情况，中国和美国分别以 2963 篇和 1781 篇位列全球第一位和第二位，远远超过其他 G20 国家，如图 3-36 和图 3-37 所示。

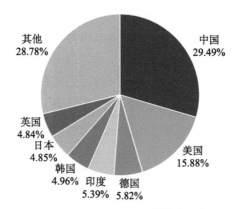

图 3-36　2011 ～ 2020 年 G20 国家能源科技论文发文量占全球比例

资料来源：数据源自 Web of Science. https://www.webofscience.com/wos/woscc/basic-search [2021-08-02]，经作者整理后绘制

（2）日本、美国、德国贡献大部分技术专利产出

G20 国家在全球能源领域技术专利产出中具有绝对领先优势，其中日本、美国、德国三国占据全球能源领域技术专利的六成以上。在技术专利产出上，G20 国家能源领域五方专利申请量、PCT 专利申请量占全球比例均超过了 80%，处于绝对的领先地位。综合分析各国专利申请量占比，无论是五方专利还是 PCT 专利，日本、美国和德国都是排名前三的国家，表明其注重

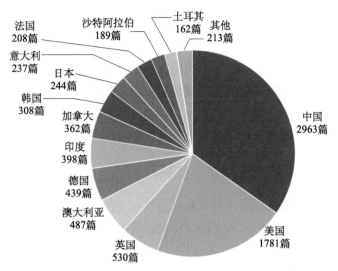

图 3-37 2011 ～ 2020 年 G20 国家 TOP 1% 高被引能源科技论文

资料来源：数据源自 Web of Science. https://www.webofscience.com/wos/woscc/basic-search [2021-08-02]，经作者整理后绘制

知识产权的保护，在全球主要市场均进行了专利布局，保护力度全面。但需要注意的是，中国能源领域五方专利和 PCT 专利占比分别仅为 4% 和 6%，表明中国在清洁能源技术专利上的布局还不够，需要提升保护力度，如图 3-38所示。

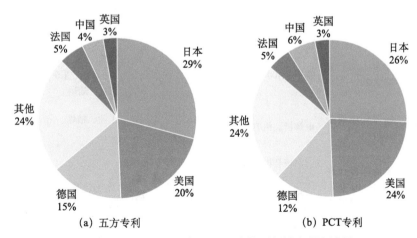

图 3-38 2008 ～ 2017 年 G20 国家能源领域专利申请量

资料来源：数据源自 Patents by main technology and by International Patent Classification (IPC). https://www.oecd-ilibrary.org/science-and-technology/data/oecd-patent-statistics_patent-data-en [2021-11-16]，经作者整理后绘制

五、洁净能源产业创新发展势头迅猛

发展洁净能源产业，不但是解决能源紧缺与经济平稳可持续发展矛盾的必由之路，也会给各国带来全新的发展机遇以保障其核心竞争力。为此，G20 国家积极推动本国的洁净能源产业发展，在氢能、电动汽车、先进核能、交通部门生物燃料消费、规模化储能等领域开展了相关的产业布局。

（1）G20 国家氢能产业正迅速崛起

随着氢能应用技术发展逐渐成熟以及气候变化应对压力增大，氢能产业发展备受关注，众多国家已发布了国家层面的氢能发展战略。目前，全球大约有50 个国家或组织制定了氢能发展目标、规范或政策，G20 成员中有 11 个制定了相关政策，9 个设定了发展目标[①]。

日本、韩国、美国、德国、法国等国家是全球氢能战略的领导者，均提出面向 2030 年、2050 年氢能应用的中长期发展目标，旨在掌握未来氢能产业发展主动权，见表 3-1。

表 3-1　主要国家或组织氢能发展目标

国家或组织	氢能政策	部署目标（2030 年）	应用领域	公共投资
澳大利亚	国家氢能战略2019		建筑、电力、出口、工业、海运、陆运	9 亿美元
加拿大	加拿大氢能战略 2020	制氢：400 万吨 / 年	建筑、电力、出口、工业、采矿、海运、陆运	到 2026 年每年投入1900 万美元
欧盟	欧盟氢能战略2020	电解槽装机容量 40 吉瓦	工业、精炼、陆运	到 2030 年投入 43 亿美元
法国	氢能部署计划2018；国家氢能脱碳发展战略 2020	电解槽装机容量 6.5 吉瓦2028 年：20% ～ 40% 工业氢脱碳；2 万 ～ 5 万辆燃料电池轻型车辆；800 ～ 2000 辆燃料电池重型车辆；400 ～ 1000 个加氢站	工业、精炼、陆运	到 2030 年投入 82 亿美元

---

① The Future of Hydrogen.https://iea.blob.core.windows.net/assets/9e3a3493-b9a6-4b7d-b499-7ca48e357561/The_Future_of_Hydrogen.pdf[2021-11-02].

续表

国家或组织	氢能政策	部署目标（2030 年）	应用领域	公共投资
德国	国家氢能战略 2020	电解槽装机容量 5 吉瓦	航运、电力、工业、精炼、海运、陆运	到 2030 年资助 103 亿美元
日本	氢能和燃料电池战略路线图 2019；绿色增长战略 2020，2021（修订）	制氢：300 万吨 / 年 供应：42 万吨低碳氢；80 万辆燃料电池汽车；1200 辆燃料电池公交；1 万辆燃料电池渣土车；900 个加氢站；300 万吨氨燃料	建筑、电力、炼钢、精炼、海运、陆运	到 2030 年投入 65 亿美元
韩国	氢能经济路线图 2019	制氢：194 万吨 / 年 2040 年：290 万辆燃料电池汽车；1200 个加氢站；8 万辆燃料电池出租车；4 万辆燃料电池公交；3 万辆燃料电池卡车	建筑、电力、陆运	2020 年投入 2.2 亿美元
俄罗斯	氢能路线图 2020	出口 200 万吨氢气	电力、建筑、精炼、出口	
英国	英国氢能战略 2021	低碳氢产量 5 吉瓦	航运、建筑、电力、工业、精炼、海运、陆运	13 亿美元
美国	氢能攻关计划 2021	未来十年清洁氢成本降低 80%，至 1 美元 / 千克	燃料、航空、交通、工业、国防、电力、综合能源系统	

资料来源：Global Hydrogen Review 2021. https://www.iea.org/reports/global-hydrogen-review-2021 [2022-01-19]; Secretary Granholm Launches Hydrogen Energy Earthshot to Accelerate Breakthroughs Toward a Net-Zero Economy. https://www.energy.gov/articles/secretary-granholm-launches-hydrogen-energy-earthshot-accelerate-breakthroughs-toward-net[2022-01-19]

基础设施建设是推进氢能产业发展的关键抓手，日本、美国等重视加氢站建设工作。截至 2019 年底，全球加氢站数量达到 470 个，其中日本、德国、美国、中国、韩国加氢站数量分别为 113 个、81 个、64 个、61 个、34 个，占全球的 58%，如图 3-39 所示；已投用的燃料电池汽车共有 25 212 辆，大多分布在美国、中国、韩国和日本[①]；在全球 169 项零碳标准氢能示范项目中，有

---

① Advanced Fuel Cells Technology Collaboration Programme. http://www.ieafuelcell.com/fileadmin/publications/2020_AFCTCP_Mobile_FC_Application_Tracking_Market_Trends_2020.pdf[2021-11-02].

108 项分布在 G20 国家，且产能占比达到 85%①。

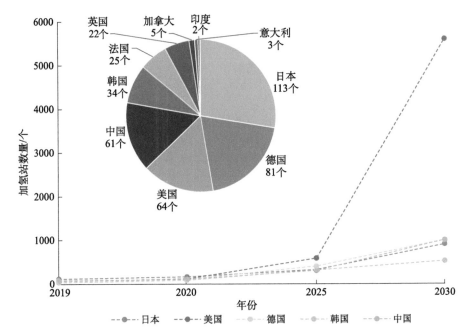

图 3-39　2019 年 G20 国家加氢站数量及主要国家到 2030 年规划目标

资料来源：数据源自 IEA Hydrogen Technology Collaboration Programme 2019 Annual Report. https://www. ieahydrogen.org/download/12/annual-report/828/2019-annual-report.pdf [2021-11-16]；H2 Stations Map. https://www. h2stations.org/stations-map/?lat=49.139384&lng=11.190114&zoom=2 [2021-11-16]，经作者整理后绘制

（2）G20 国家电动汽车产业蓬勃发展

雄心勃勃的交通电气化支持政策是推动 G20 国家电动汽车快速发展的关键因素。目前，加拿大、中国、法国、日本、印度、南非、英国、美国等均已加入 EV30@30 倡议②，且制定了电动汽车 2030 年中长期目标，在既定的政策情景下全球电动汽车保有量（不含电动两轮／三轮车）将扩大到 2025 年的 5000 万辆、2030 年接近 1.4 亿辆，年均增长率接近 30%③，见表 3-2。

---

① Hydrogen Projects Database. https://www.iea.org/data-and-statistics/data-product/hydrogen-projects-database[2021-11-02].

② EV30@30 倡议为 2018 年多个国家制定的共同目标，即到 2030 年，电动汽车在乘用车、轻型商用车、公共汽车和卡车中的销售份额达到 30%。

③ Global EV Outlook 2021. https://www.iea.org/reports/global-ev-outlook-2021[2021-11-02].

表 3-2　主要国家或组织电动汽车发展目标

国家或组织	2025 年	2030 年	2040 年	2050 年
阿根廷		电动汽车保有量达 1.5%[①]		
中国	NEV（PHEV、BEV、FCEV）销售占比达 25% 左右			
印度		总销量达到 30%		
日本		BEV、PHEV 销量占比 达 20%～30%，HEV 销量占比达 30%～40%，FCEV 销量占比达 3%		HEV、PHEV、BEV、FCEV 销量占比 100%
韩国	2022 年在途 BEV、FCEV 分别达 43 万辆、6.7 万辆	BEV、FCEV 销量占比达 33%		
欧盟	ZEV、LEV 保有量 1300 万辆			
法国	2023 年，PHEV 保有量 50 万辆，BEV、FCEV 达 66 万辆；BEV、PHEV、FCEV 轻型商用车达 17 万辆	2028 年，PHEV 达 180 万辆，BEV、FCEV 达 300 万辆；BEV、PHEV、FCEV 轻型商用车达 50 万辆	禁售新的化石燃料汽车和货车	
德国		BEV、FCEV 保有量达 700 万～1000 万辆		在售汽车均为 ZEV
意大利		电动汽车保有量超过 600 万辆，其中 BEV 为 400 万辆		
英国		电动汽车销量占比达 50%～70%	禁售新的内燃机汽车（已提前至 2035 年）	
加拿大	ZEV 保有量达 82.5 万辆，销量占比达 10%	ZEV 保有量达 270 万辆，销量占比达 30%	ZEV 保有量达 1400 万辆，ZEV（BEV、PHEV、FCEV） 销量占比达 100%	

---

① Energy Scenarios 2030. https://scripts.minem.gob.ar/octopus/archivos.php?file=7771 [2021-11-02].

续表

国家或组织	2025 年	2030 年	2040 年	2050 年
美国	11 个州 ZEV（BEV、PHEV、FCEV）保有量达 330 万辆			10 个州全部销售 ZEV 电动车

资料来源：Global EV Outlook 2021. https://www.iea.org/reports/global-ev-outlook-2021[2021-11-18]

注：新能源汽车（new energy vehicle，NEV），包括插电式混合动力汽车（plug-in hybrid electric vehicle，PHEV）、纯电动汽车（battery electric vehicle，BEV）、燃料电池汽车（fuel cell electric vehicle，FCEV）；低排放汽车（low emissions vehicle，LEV）；混合动力汽车（hybrid electric vehicle，HEV）；零排放汽车（zero emission vehicle，ZEV），包括 BEV、PHEV、FCEV

强有力的政策信号，掀起了全球电动汽车产业"绿色革命"大潮。根据国际能源署统计，2020 年全球电动汽车基础设施持续完善，公共充电桩（快、慢）达到 1 307 894 个（较 2019 年增长 46%），G20 国家占比超过 88%。同时，电动汽车年销量呈指数级增长，2020 年电动汽车全球销量突破 430 万辆（占全球新车销售总量的 4.6%），同比增长 62%。电动汽车销量增长推动了全球电动汽车市场份额持续提高，2020 年全球电动汽车市场份额已达到 4.6%，其中欧洲国家电动汽车市场份额显著提高，德国、法国、英国电动汽车市场份额均超过 10%，中国电动汽车市场份额接近 6%，如图 3-40 所示。

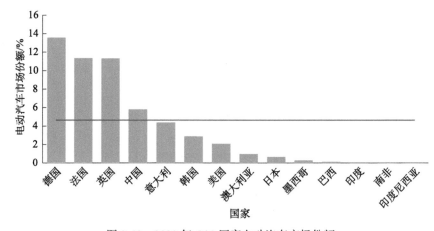

图 3-40　2020 年 G20 国家电动汽车市场份额

资料来源：数据源自 Global EV Outlook 2021. https://www.iea.org/reports/global-ev-outlook-2021 [2021-11-18]，经作者整理后绘制

图中红色横线为全球平均值

（3）先进核能仍受 G20 国家关注

核能作为清洁、低碳的基荷能源，在应对全球气候变化中起到了积极的正面作用，受到主要国家青睐。为了鼓励核能创新，美国先后于 2018 年和 2019 年出台了《核能创新能力法 2017》[①] 和《核能创新和现代化法》[②] 两份法案，以保持美国在先进核工业上的领导地位。俄罗斯联邦政府颁布《俄联邦"核工业综合体"发展国家纲要》(The National Outline for the Development of the "Nuclear Industry Complex" in the Russian Federation)[③]，旨在促进下一代核能安全发展，巩固在国际核技术和服务市场上的领先地位。日本内阁 2018 年批准《第五次能源基本计划》(第5次エネルギー基本計画)[④]，提出至 2030 年核能占比达到 20% 左右。中国在《能源技术革命创新行动计划（2016—2030 年）》中提出，在核能领域，要重点发展三代、四代核电，先进核燃料及循环利用，小型堆等技术，探索研发可控核聚变技术。核能一直是韩国的战略重点，2019 年韩国公布了《核电产业研发路线图》(원전산업 R&D 로드맵)[⑤]，提出核工业安全为重中之重，到 2030 年核电研发需要投入 3.9 万亿韩元，年均 3550 亿韩元。此外，法国提出将核能发电量占比降至 55%，德国仍坚持到 2022 年淘汰核能。与此同时，日本福岛核事故后，国际社会对核能安全性提出了新的、更高的要求，受制于经济性和环保等方面的因素，全球主要国家正在开发新一代先进核能技术。据统计，在全球 78 项先进核能示范项目中，69 项（88.46%）分布在 G20 国家，如图 3-41 所示。

① S.97 - Nuclear Energy Innovation Capabilities Act of 2017. https://www.congress.gov/bill/115th-congress/senate-bill/97[2021-11-02].

② S.512 - Nuclear Energy Innovation and Modernization Act. https://www.congress.gov/bill/115th-congress/senate-bill/512[2021-11-02].

③ 刘建. 俄罗斯核能发展战略研究. 北京：中共中央党校，2017.

④ Strategic Energy Plan. https://www.enecho.meti.go.jp/en/category/others/basic_plan/5th/pdf/strategic_energy_plan.pdf[2021-11-02].

⑤ 10 년간 원전산업 R&D 3.9 조 원 투입…Nu-Tech 2030 발표. https://www.energytimes.kr/news/articleView.html?idxno=54307 [2022-01-22].

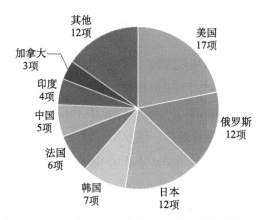

图 3-41　2020 年全球先进核能示范项目按国别分布

资料来源：数据源自 Advanced Reactors Information System(ARIS). https://aris.iaea.org/sites/overview. html [2021-11-18]，经作者整理后绘制

（4）G20 国家引领交通部门生物燃料消费快速增长

生物燃料是各国交通运输领域可再生能源政策的主要关注点。截至 2019 年底，除俄罗斯、日本、沙特阿拉伯外，G20 国家均出台了国家或地方层面支持生物燃料发展的政策，主要聚焦在交通运输领域[①]。

G20 国家生物燃料生产量均有不同幅度的增长，其中印度、印度尼西亚增长速度最快，美国、巴西依旧是全球主要的生物燃料市场，引领全球生物燃料发展。受巴西、美国等国家政策对交通运输燃料清洁化激励措施的推动，全球生物燃料供应自 2000 年以来稳步增长，在交通运输燃料需求中的占比已从 2000 年的不到 1% 增至 2019 年的 3%[②]。

据英国石油公司（BP）统计，2019 年全球生物燃料生产量较 2018 年增长 3%，达到了 9.8×10^{7} 吨标油，G20 国家占比达 85%；2019 年全球生物燃料消费量较 2018 年增长 6.8%，G20 国家占比超过 85%，成为全球生物燃料的主要生产和消费市场。主要 G20 国家生物燃料生产量、消费量占全球比例如图 3-42 和图 3-43 所示。

---

① Renewables 2020 Global Status Report. https://www.ren21.net/renewables-report-launch/ [2021-11-02].

② Energy Technology Perspectives 2020. https://www.iea.org/reports/energy-technology-perspectives-2020[2021-11-02].

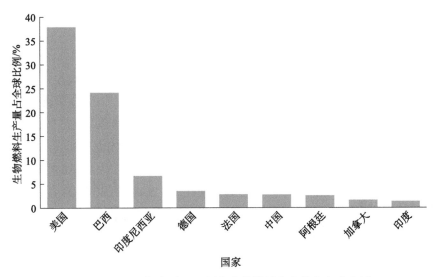

图 3-42 2019 年主要 G20 国家生物燃料生产量占全球比例

资料来源：数据源自 Statistical Review of World Energy 2020|69th edition. https://www.bp.com/content/dam/bp/business-sites/en/global/corporate/pdfs/energy-economics/statistical-review/bp-stats-review-2020-full-report.pdf[2021-11-18]，经作者整理后绘制

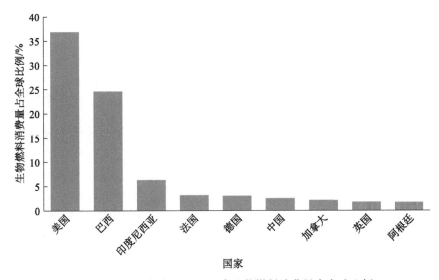

图 3-43 2019 年主要 G20 国家生物燃料消费量占全球比例

资料来源：数据源自 Statistical Review of World Energy 2020|69th edition. https://www.bp.com/content/dam/bp/business-sites/en/global/corporate/pdfs/energy-economics/statistical-review/bp-stats-review-2020-full-report.pdf[2021-11-18]，经作者整理后绘制

（5）规模化储能发展态势良好

规模化储能技术是实现未来电力、交通、工业用能变革的基础，成为各国竞相布局的重点领域。美国能源部（United States Department of Energy）发布《储能大挑战路线图》（Energy Storage Grand Challenge Roadmap）[①]，旨在加速下一代储能技术的开发、商业化和应用，维持美国在储能领域的全球领导地位。此外，日本《能源环境技术创新战略》[②]明确将储能技术纳入五大技术创新领域，重点是研发低成本、安全可靠的快速充放电先进蓄电池技术，实现更大规模的可再生能源并网。中国出台的《能源技术革命创新行动计划（2016—2030年）》提出，先进储能技术创新将集中研究太阳能光热高效利用高温储热技术、分布式能源系统大容量储热（冷）技术，研究面向电网调峰提效、区域供能应用的物理储能技术，研究面向可再生能源并网、分布式及微电网、电动汽车应用的储能技术，积极探索研究高储能密度低保温成本储能技术、新概念储能技术（液体电池、镁基电池等）、基于超导磁和电化学的多功能全新混合储能技术，争取实现重大突破。

据美国能源部公开统计数据，2020年G20国家储能装机量之和占全球装机总量比例达74%，其中仅中国、美国、日本三国储能装机量之和就占到近一半；G20国家在运营储能示范项目共计1083项（占全球比例达79%），美国接近一半，如图3-44所示。

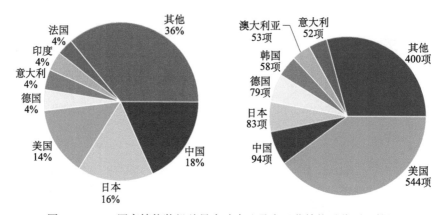

图 3-44　G20 国家储能装机总量全球占比及在运营储能示范项目数量

资料来源：数据源自 Global Energy Storage Database. https://sandia.gov/ess-ssl/gesdb/public/index.html [2022-03-09]，经作者整理后绘制

① Department of Energy Releases Energy Storage Grand Challenge Roadmap. https://www.energy.gov/articles/department-energy-releases-energy-storage-grand-challenge-roadmap[2021-11-02].

② エネルギー・環境イノベーション戦略. https://www8.cao.go.jp/cstp/nesti/honbun.pdf[2021-11-02].

（6）高成长新能源企业分布不平衡

能源科技日新月异的发展催生了众多新能源企业，但其全球地域分布不平衡，主要聚集在少数能源科技强国。2019 年，全球新能源 500 强企业中有 426 家企业来自 G20 国家，且主要集中在中国、美国、日本三国，入选企业总营业收入呈逐年稳步增长的态势，整体增速放缓。其中，中国入选企业数量较上年度有所减少，但平均规模继续增长，且整体排名上升，如图 3-45 所示。

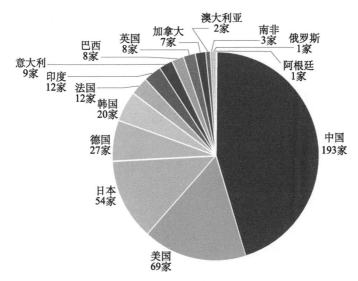

图 3-45　G20 国家"2020 全球新能源企业 500 强"入选企业数

资料来源：数据源自 2020 全球新能源企业 500 强. http://paper.people.com.cn/zgnyb/html/2020-11/30/content_2021097.htm[2021-06-10]，经作者整理后绘制

六、能源结构清洁低碳转型进展显著

在应对全球气候变化的大背景下，推进绿色低碳技术创新，发展清洁低碳、安全高效的现代能源体系已成为共识，能源加速转型的发展趋势逐渐清晰，G20 经济体更是起到了引领和示范作用。本节从电力结构低碳化、降低碳强度等方面探讨 G20 国家在能源清洁低碳转型方面取得的进展。

（1）电力结构低碳化已成发展潮流

当前，全球电气化水平不断提升，电力结构低碳化成为不可逆转的历史潮流，这是未来全球能源转型发展的重要标志。在各国政策激励下，G20 国家电力系统逐步向清洁低碳转型。2018 年，全球非化石能源发电量在电力结构中的占比接近 34%，法国、加拿大、巴西非化石能源发电量占比均超过 75%，英国、德国、俄罗斯、美国均在 G20 国家平均水平之上。2018 年，G20 国家非化石能源发电量之和占全球非化石能源发电总量的 78% 以上，中国和美国是世界上非化石能源发电量较多的国家（两者占比超过 40%），如图 3-46 所示。

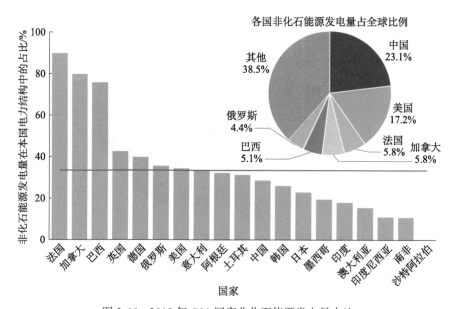

图 3-46 2018 年 G20 国家非化石能源发电量占比

资料来源：数据源自 2019 Energy Statistics Yearbook. https://unstats.un.org/unsd/energystats/pubs/yearbook/ [2021-11-20]，经作者整理后绘制

图中红色横线为 G20 国家平均值

（2）降低碳强度成为各国能源转型重点

近年来，全球承诺在 21 世纪中叶左右实现净零排放目标的国家越来越多，G20 国家在降低一次能源碳强度、单位 GDP 能源相关二氧化碳强度、碳排放等方面取得了一系列显著进展：根据国际能源署统计，G20 国家一次能源碳强

度在 2010 ~ 2013 年的持续上升后不断降低，并降至 2005 年以来的最低水平。除南非外，2018 年 G20 国家一次能源碳强度均下降至 3 吨二氧化碳 / 吨标油以下，如图 3-47 所示，主要原因是 G20 国家能源消费转型和能效提高幅度大大高于温室气体排放增幅；2000 ~ 2018 年，全球单位 GDP 能源相关二氧化碳强度以 0.9% 的幅度降低，G20 国家下降幅度达到 1%，推动全球碳强度治理的改善。除南非、俄罗斯外，2018 年 G20 国家单位 GDP 能源相关二氧化碳强度均下降至 0.4 千克二氧化碳 / 美元以下，英国、法国、德国更是降至 0.12 千克二氧化碳 / 美元以下，如图 3-48 所示；G20 国家占全球温室气体排放总量的 75%，2019 年与能源相关的碳排放首次开始下降，与 2018 年 1.9% 的增幅相比下降了 0.1%。由于一次能源需求转向清洁能源和能源效率的不断提升，发达经济体能源相关碳减排成效明显，2010 ~ 2019 年英国（降幅为 35%）、意大利（降幅为 26%）、法国（降幅为 22%）、德国（降幅为 19%）、美国（降幅为 15%）、日本（降幅为 7%）等碳排放总量显著下降，年均复合增长率均为负增长。同期，新兴经济体碳排放总量大多上升，BRICS 国家总体增长 1 倍以上，印度尼西亚（增幅为 113%）、印度（增幅为 144%）、中国（增幅为 209%）增长明显，如图 3-49 所示。

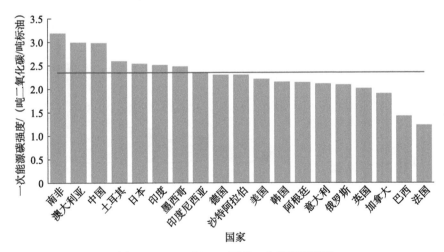

图 3-47　2018 年 G20 国家一次能源碳强度

资料来源：数据源自 Key World Energy Statistics 2020. https://iea.blob.core.windows.net/assets/1b7781df-5c93-492a-acd6-01fc90388b0f/Key_World_Energy_Statistics_2020.pdf [2021-11-20]，经作者整理后绘制

图中红色横线为 G20 国家平均值

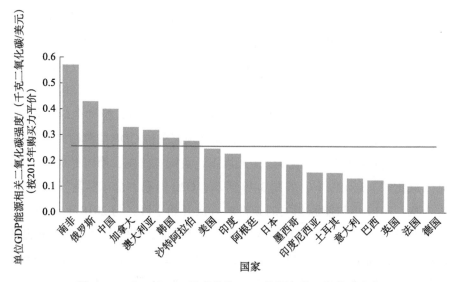

图 3-48　2018 年 G20 国家单位 GDP 能源相关二氧化碳强度

资料来源：数据源自 Key World Energy Statistics 2020. https://iea.blob.core.windows.net/assets/1b7781df-5c93-492a-acd6-01fc90388b0f/Key_World_Energy_Statistics_2020.pdf [2021-11-20]，经作者整理后绘制

图中红色横线为 G20 国家平均值

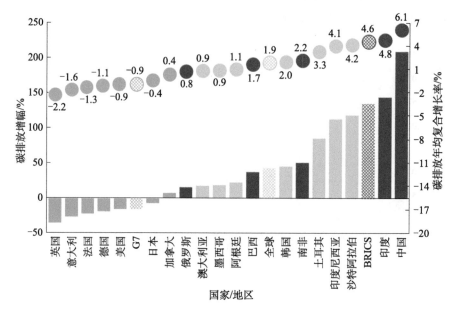

图 3-49　2010 ~ 2019 年 G20 国家碳排放增幅及年均复合增长率

资料来源：数据源自 Global Energy & CO_2 Data. https://www.enerdata.net/research/energy-market-data-co2-emissions-database.html[2021-11-20]，经作者整理后绘制

蓝色代表 G7 国家，红色代表 BRICS 国家，黄色代表其他 G20 国家

七、G20 国家竞相构建弹性能源安全系统

能源是关系国家经济社会发展的全局性、战略性问题，G20 国家包括世界上最主要的能源生产大国、消费大国、出口大国和进口大国，注重构建灵活均衡的能源安全系统，其在能源领域的行动部署势必会对全球能源供应秩序产生根本性、实质性的影响。本节将系统介绍 G20 国家对全球能源供需格局影响、能源对外依存度、化石能源资源、能源供应多样性等方面的内容。

（1）G20 国家深刻影响着全球能源供需格局

鉴于 G20 国家人口、经济规模，其能源生产、消费活动深刻影响着全球能源供需格局。从能源生产端来看，2019 年 G20 国家集合了世界四大产油国（美国、沙特阿拉伯、俄罗斯和加拿大），其石油产量占全球的 47.9%，中国、巴西产油量居全球前十；全球十大天然气生产国中，美国、俄罗斯、中国、加拿大、澳大利亚、沙特阿拉伯六国为 G20 成员，其产量占全球的 55.6%；中国、美国、澳大利亚、印度、印度尼西亚、俄罗斯、南非煤炭生产量居全球前七，其产量占全球的 89.7%，如图 3-50 所示。

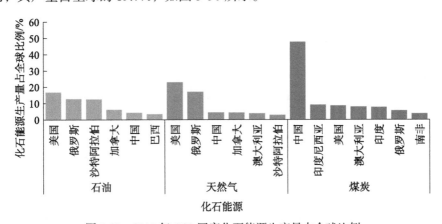

图 3-50　2019 年 G20 国家化石能源生产量占全球比例

资料来源：数据源自 Statistical Review of World Energy 2020|69th edition. https://www.bp.com/content/dam/bp/business-sites/en/global/corporate/pdfs/energy-economics/statistical-review/bp-stats-review-2020-full-report.pdf[2021-11-18]，经作者整理后绘制

从能源消费端来看，2019 年 G20 国家一次能源消费量占全球比例虽有所下降，但仍达 76%，全球一次能源消费量排名前十位国家有 9 个为 G20 国家。2019 年，G20 国家包揽了全球前十大石油消费国以及前十大天然气、煤炭消费国中的九国，如图 3-51 和图 3-52 所示。

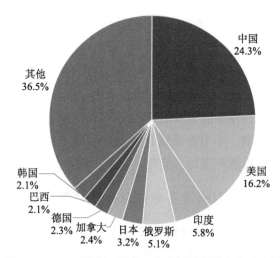

图 3-51　2019 年 G20 国家一次能源消费量占全球比例

资料来源：数据源自 Statistical Review of World Energy 2020|69th edition. https://www.bp.com/content/dam/bp/business-sites/en/global/corporate/pdfs/energy-economics/statistical-review/bp-stats-review-2020-full-report.pdf[2021-11-18]，经作者整理后绘制

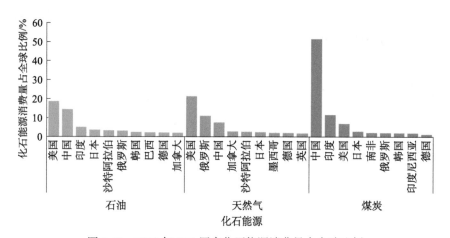

图 3-52　2019 年 G20 国家化石能源消费量占全球比例

资料来源：数据源自 Statistical Review of World Energy 2020|69th edition. https://www.bp.com/content/dam/bp/business-sites/en/global/corporate/pdfs/energy-economics/statistical-review/bp-stats-review-2020-full-report.pdf[2021-11-18]，经作者整理后绘制

（2）G20 国家能源对外依存度差异显著

能源对外依存度是量度一个国家能源安全水平的关键指标，G20 国家资源禀赋不同导致该指标存在明显差异。2019 年，G20 国家燃料进口占总商品进

口的比例均呈下降趋势，印度、韩国、日本、南非、中国等国家是燃料进口
大国。2018 年，日本、韩国、意大利、土耳其、德国、法国等国家能源进口
依存度超过 50%，而澳大利亚、沙特阿拉伯、印度尼西亚、俄罗斯、加拿大、
南非为能源净出口国，如图 3-53 和图 3-54 所示。

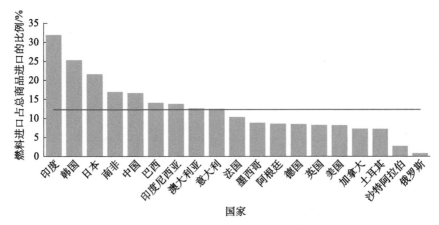

图 3-53　2019 年 G20 国家燃料进口占总商品进口的比例

资料来源：数据源自 Fuel imports（% of merchandise imports）. https://data.worldbank.org/indicator/
TM.VAL.FUEL.ZS.UN [2021-11-20]，经作者整理后绘制

图中红色横线为 G20 国家平均值

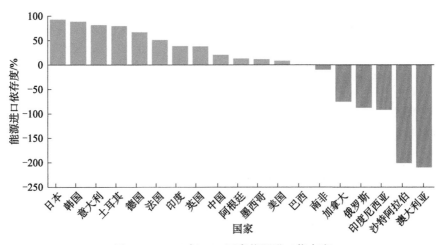

图 3-54　2018 年 G20 国家能源进口依存度

资料来源：数据源自 2019 Energy Statistics Yearbook. https://unstats.un.org/unsd/energystats/pubs/yearbook/
[2021-11-20]，经作者整理后绘制

（3）化石能源资源集中在主要国家

G20 国家资源禀赋差异显著，俄罗斯、沙特阿拉伯化石能源资源丰富，品种齐全且蕴藏量大，是世界重要的油气供应地区。沙特阿拉伯是全球第二大石油储量国家，俄罗斯是全球第一大天然气生产国。全球煤炭资源储量排名前七名的国家均是 G20 国家，其储量占全球的 82.7%，美国、俄罗斯、澳大利亚和中国占全球比例均超过 10%。其中，俄罗斯和美国是三种化石能源探明储量均位居全球前十的国家，如图 3-55 所示。

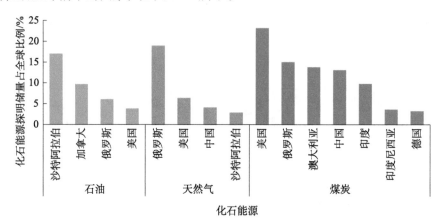

图 3-55　2019 年 G20 国家化石能源探明储量占全球比例

资料来源：数据源自 Statistical Review of World Energy 2020|69th edition. https://www.bp.com/content/dam/bp/business-sites/en/global/corporate/pdfs/energy-economics/statistical-review/bp-stats-review-2020-full-report.pdf[2021-11-18]，经作者整理后绘制

（4）能源供应多样性呈韧性发展

能源供应多样性是防范能源供应安全风险的关键手段，成为国际社会广泛关注的议题。根据国际能源署的公开数据，G20 国家一次能源供应多样性、电力供应多样性与全球基本一致（图 3-56 ～图 3-59）：一是在快速增长的能源供应中，煤炭、原油仍占据较高比例；二是尽管近年来可再生能源发电量显著增加和能源强度大幅下降，但过度倚重化石燃料的发电结构未得到有效扭转。香农 - 威纳多样性指数测算结果显示，发达国家一次能源和电力供应体系较为多元化和均衡，其中德国一次能源供应多样性和电力供应多样性均排在前列。具体来看，在一次能源供应多样性上，加拿大、德国、土耳其、美国居于前列，能源资源相对短缺的日本、法国表现也较好，这些国家一次能源供应结构更加均衡；在电力供应多样性上，英国、德国、加拿大、美国、意大利居于前列，发展中国家巴西、中国亦保持相对较好的水平。

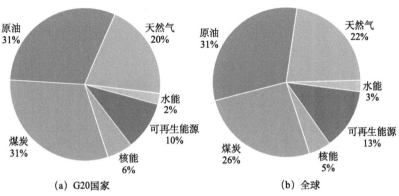

图 3-56　2018 年全球和 G20 国家一次能源供应结构

资料来源：数据源自 Key World Energy Statistics 2020. https://iea.blob.core.windows.net/assets/1b7781df-5c93-492a-acd6-01fc90388b0f/Key_World_Energy_Statistics_2020.pdf [2021-11-20]，经作者整理后绘制

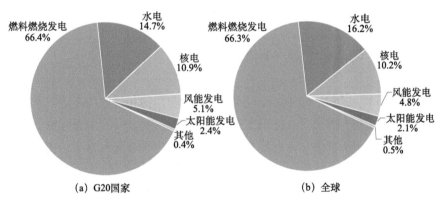

图 3-57　2018 年全球和 G20 国家电力供应结构

资料来源：数据源自 2019 Energy Statistics Yearbook. https://unstats.un.org/unsd/energystats/pubs/yearbook/ [2021-11-20]，经作者整理后绘制

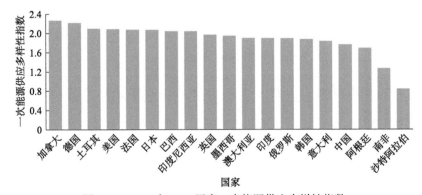

图 3-58　2018 年 G20 国家一次能源供应多样性指数

资料来源：数据源自 Key World Energy Statistics 2020. https://iea.blob.core.windows.net/assets/1b7781df-5c93- 492a-acd6-01fc90388b0f/Key_World_Energy_Statistics_2020.pdf [2021-11-20]，经作者整理后绘制

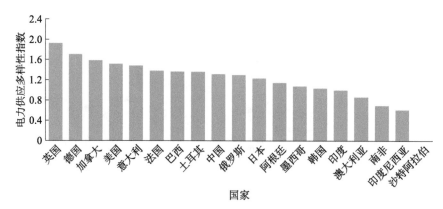

图 3-59　2018 年 G20 国家电力供应多样性指数

资料来源：数据源自 2019 Energy Statistics Yearbook. https://unstats.un.org/unsd/energystats/pubs/
yearbook/ [2021-11-20]，经作者整理后绘制

八、经济高效能源体系取得明显成效

通过变革性关键技术的突破与示范，构建与国情相适应的经济、高效能源体系成为世界发展的趋势。G20 国家紧随世界潮流，并在一次能源强度、电力装机利用率、清洁电力部署和电力系统输配电损耗优化等方面取得了显著的进展。

（1）发达国家经济发展与能源逐步脱钩

2000 年以来，经济增度高于能源消耗增速，即经济发展逐步与能源增长"脱钩"，以发达国家最为显著。除巴西、沙特阿拉伯外，17 个 G20 国家一次能源强度持续下降，以英国、中国降幅最为明显。2018 年，大部分 G20 国家一次能源强度低于全球平均水平，尤以英国、意大利最为明显，相应地，其单位能源消耗的经济产出更高，如图 3-60 所示。

（2）G20 国家电力装机容量利用率总体高于全球平均水平

电力是现代社会生产和生活的重要基础，能否提供大量廉价且优质、可靠的电力，直接关系国家经济发展的进程。随着经济社会的快速发展，各国对电力的需求逐年增长。2018 年，全球电力装机容量利用率达到 42%，大部分 G20 国家均高于全球平均水平，南非、韩国、印度尼西亚等国家居于前列，如图 3-61 所示。

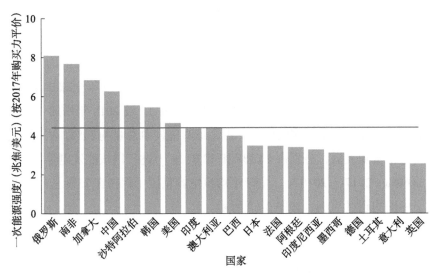

图 3-60　2018 年 G20 国家一次能源强度

资料来源：数据源自 SDG Indicators Database. https://unstats.un.org/sdgs/dataportal/database [2021-11-20]，经作者整理后绘制

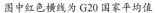

图中红色横线为 G20 国家平均值

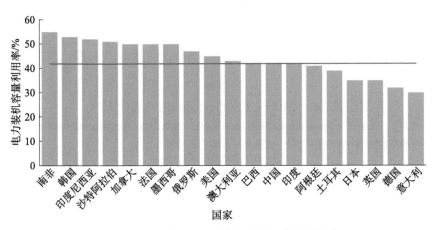

图 3-61　2018 年 G20 国家电力装机容量利用率

资料来源：数据源自 2019 Electricity Profiles. https://unstats.un.org/unsd/energystats/pubs/eprofiles/[2021-11-20]，经作者整理后绘制

图中红色横线为 G20 国家平均值

（3）主要国家核电有序发展

核电利用率延续着 2012 年以来的增长趋势。国际原子能机构（International Atomic Energy Agency，IAEA）统计资料显示，2019 年全球核能发电量总计 2586.2 太瓦时（占全球总发电量的 10% 左右），较 2018 年增加 4.4%。美国是世界上核能发电量最多的国家，占全球核能发电总量的 31%，法国和中国核能发电量紧随其后，分别占 14.7% 和 13.8%，上述三国核能发电量之和接近全球的 60%。2017～2019 年，全球年均核电容量因子保持在 75% 左右，美国、巴西、中国均超过 90%，如图 3-62 所示。

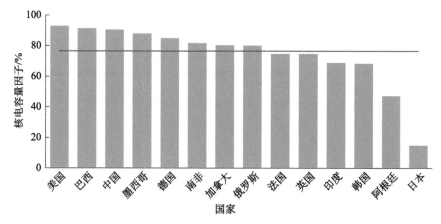

图 3-62　2017～2019 年 G20 国家核电容量因子

资料来源：数据源自 Power Reactor Information System (PRIS). https://pris.iaea.org/PRIS/WorldStatistics/ThreeYrsUnitCapabilityFactor.aspx[2021-11-18]，经作者者整理后绘制

图中红色横线为全球平均值

（4）G20 国家电力系统输配电损耗差距显著

2018 年，全球输配电损耗平均值为 8%。韩国输配电损耗最低，居 G20 国家首位，发达国家电力输配效率更高，印度、巴西、阿根廷亟须更加高效的输配电系统。随着中国在智能电网、特高压电网等基础设施投入力度的不断加大以及高效技术水平的实现和管理质量的快速提升，输配电效率大幅提升，如图 3-63 所示。

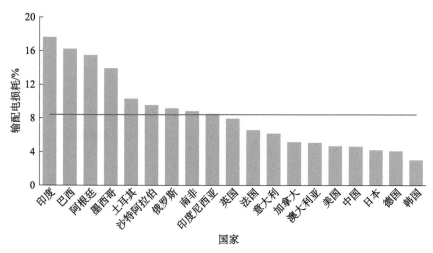

图 3-63　2018 年 G20 国家输配电损耗

资料来源：数据源自 2019 Electricity Profiles. https://unstats.un.org/unsd/energystats/pubs/eprofiles/[2021-11-20]，经作者整理后绘制

图中红色横线为 G20 国家平均值

第四节　G7 国家与 BRICS 国家比较

为进一步研究 ETII 在区域之间的分布规律，以 G7 国家、BRICS 国家为对象，比较发达经济体与发展中经济体总体表现与创新链各维度表现的特征。

一、BRICS 国家整体竞争乏力

从 G7 国家、BRICS 国家的总体情况来看，能源科技创新差距显著，BRICS 国家各项创新维度表现均低于 G7 国家，且低于 G20 国家平均水平，创新环境、创新投入维度差距尤为明显，而创新成效维度差距最小，如图 3-64 所示。尽管近年来 BRICS 国家不断加大能源科技创新投入力度，但研发环境与清洁发展环境建设仍存在较大不足，经济发展仍处于相对依赖化石能源的阶段，能源使用效率、经济产出强度、碳排放强度、气候改善情况等均弱于 G7 国家。

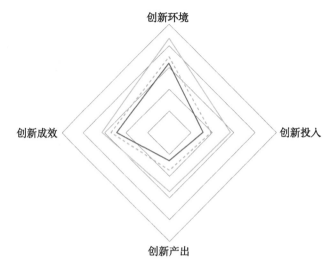

图 3-64　G20 国家、G7 国家、BRICS 国家 ETII 评价结果比较

图中蓝色实线为 G7 国家平均值，红色实线为 BRICS 国家平均值，绿色虚线为 G20 国家平均值

在创新环境营造上，BRICS 国家明显落后于 G7 国家，主要是由于碳中和行动、研发环境、清洁发展环境表现普遍不够好，如图 3-65 所示。仅在包含能源法律法规体系、发展战略、能源管理与监管机制以及国际合作等在内的政策环境指标表现上，中国、俄罗斯、印度均优于日本、法国、意大利，说明

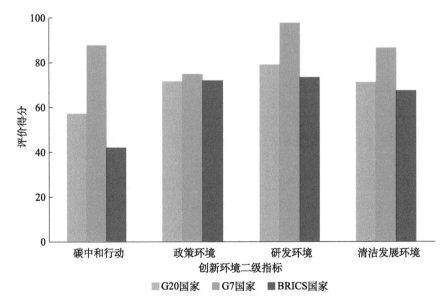

图 3-65　G20 国家、G7 国家、BRICS 国家创新环境维度评价结果比较

BRICS 国家政府在促进能源创新发展上亦表现出较强的竞争意识。中国主导或参与国际能源署、"创新使命"的多项技术合作研究计划项目，同时在金融环境营造上表现突出；印度在多个能源管理部门基础上，设立专门的新能源和可再生能源部；俄罗斯营商环境改善明显。

在创新投入上，除中国外 BRICS 国家创新投入明显不足，无论是在公共资金投入、人力投入，还是在能源转型发展亟需的电动汽车、氢能、输电网、先进核能以及储能等基础设施投入上都有较大差距，如图 3-66 所示。这一现象符合 BRICS 国家快速发展与转型的阶段性特点，也体现出能源科技创新发展趋势。BRICS 国家的工业化发展进程普遍晚于 G7 国家，经济发展的能源依赖和成本结构较高，能源科技创新所需的研发资金投入和人力投入力度相对较弱，基础设施建设较发达经济体存在较大差距。

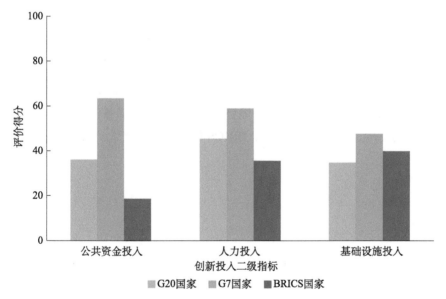

图 3-66　G20 国家、G7 国家、BRICS 国家创新投入维度评价结果比较

在创新产出维度上，除中国外 BRICS 国家与 G7 国家存在显著差距，如图 3-67 所示。一方面，BRICS 国家在能源研发投入上的不足导致科技论文、技术专利产出较少；另一方面，与 BRICS 国家在支持和培育新兴能源产业力度不够有关。

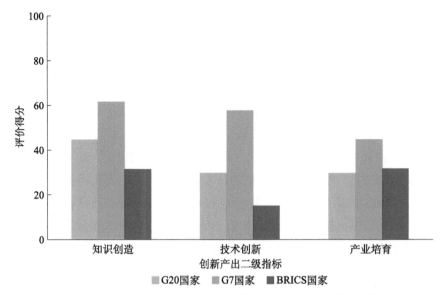

图 3-67　G20 国家、G7 国家、BRICS 国家创新产出维度评价结果比较

　　在创新成效维度上，BRICS 国家与 G7 国家差距较小，部分指标上甚至超出发达经济体，如图 3-68 所示。得益于高比例的可再生能源生产和消费结构，巴西在创新成效维度指标上有显著优势；丰富能源资源储备使得俄罗斯在安全发展上处于领先位置。尽管如此，BRICS 国家在能源产出效率、环境发展协

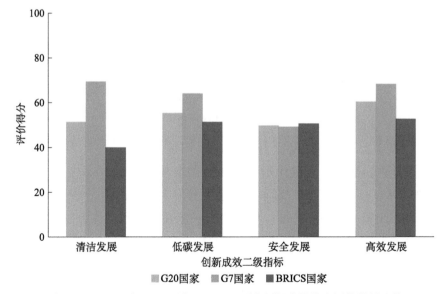

图 3-68　G20 国家、G7 国家、BRICS 国家创新成效维度评价结果比较

调性方面较发达经济体仍有较大差距，这是由于新兴市场国家经济发展起步稍晚且增速很快，产出规模快速增长，但能源高效利用、空气污染治理、低碳转型等方面仍面临较大挑战。

二、中国相比美国劣势较明显

无论是从当前的经济规模、国际影响力、能源格局、清洁能源革命来看，还是就各自的碳排放总量而言，美国和中国都是最具有系统性影响的国家，同时两国还是全球规模最大的可再生能源、电动汽车市场。因此，下面进一步从ETII 指标角度，系统对比两国能源科技创新实力、规模和质量。

从总体评价结果来看，美国处于第一方阵的创新引领国，中国处于第二方阵的创新先进国；从四个创新维度来看，美国在创新环境、创新产出、创新成效上具有优势，而中国仅在创新投入上展示出微弱优势，但在创新成效上较美国存在较为明显的劣势，如图 3-69 所示。

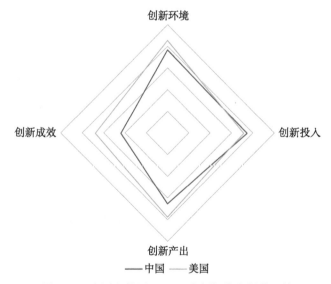

图 3-69　中国和美国 ETII 四个创新维度得分比较

在以上基础上，进一步比较分析了中国和美国 ETII 的 14 项二级指标表现情况。美国在清洁发展环境上优势明显，在碳中和行动、政策环境上均领先中国，两国都有较为完善的研发环境和政策环境。美国在公共资金投入和人力投入上处于领先地位，主要在基础研究投入强度和人力投入强度上有显著优势，而中国在基础设施投入上表现更好,这与中国在太阳能光伏、电动汽车、输电网、储能等方面不断加大投入紧密相关。两国在知识创造、产业培育上表现相当,而在技术创新上,美国展示出明显优势。美国在创新成效维度的清洁发展、低碳发展、安全发展、高效发展 4 个二级指标的表现均强于中国,尤其以清洁发展最为明显,如图 3-70 所示。

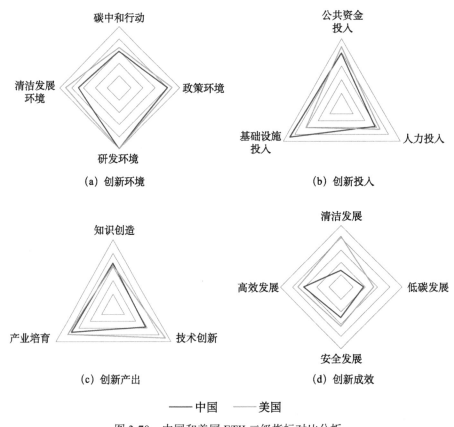

图 3-70　中国和美国 ETII 二级指标对比分析

第四章

典型国家评价结果分析

随着全球人口和经济的不断增长以及工业化、数字化、绿色化的快速发展，对于能源的需求达到前所未有的水平，同时能源格局正处在变革机遇期，化石能源清洁利用、可再生能源快速扩张等备受 G20 国家关注。本章从 ETII 总体以及创新环境、创新投入、创新产出、创新成效各维度，选取主要发达经济体 G7 和代表性发展中经济体 BRICS 共 12 个典型国家，系统评述各国能源科技创新进展和主要特征。

第一节　美国

一、国家概况

美国位于北美洲中部，面积为 937 万平方千米，截至 2021 年 8 月人口约 3.33 亿[①]，人均 GDP 为 63 593.44 美元（2020 年现价美元）[②]。美国是全球最大的经济体，其中服务业占比超过 80%，工业占比达 18.2%[③]。页岩革命的成功使美国在全球能源市场上的角色发生了转变，也改变了美国制定能源政策的出发点，其能源政策从最初的追求"能源独立"转向谋求"能源主导"，以扩大美国在国际能源市场的影响力，从而维持和强化美国在全球的霸权[④]。

联合国可持续发展目标（Sustainable Development Goals，SDGs）跟踪调查数据显示，美国 2018 年一次能源强度为 111.28 吨标油 / 百万美元（按 2011 年购买力平价），人均可再生能源消费量为 0.26 吨标油，非化石能源发电量占比达 34.64%[⑤]。国际能源署统计数据显示，美国 2018 年一次能源碳强度达 2.21 吨二氧化碳 / 吨标油，单位 GDP 能源相关二氧化碳强度为 0.25 千克二氧化碳 / 美元（按 2015 年购买力平价），人均能源相关二氧化碳排放量为 15.03 吨二氧

① 美国国家概况 . https://www.fmprc.gov.cn/web/gjhdq_676201/gj_676203/bmz_679954/1206_680528/1206x0_680530/[2022-02-09].

② 人均 GDP（现价美元）- United States. https://data.worldbank.org.cn/indicator/NY.GDP.PCAP.CD?view=chart&locations=US[2022-02-09].

③ 数据源自 World Energy Council，网址为 https://www.worldenergy.org/.

④ United States 2019 Review. https://iea.blob.core.windows.net/assets/7c65c270-ba15-466a-b50d-1c5cd19e359c/United_States_2019_Review.pdf[2022-02-09].

⑤ 数据源自 SDG Indicators Database，网址为 https://unstats.un.org/sdgs/dataportal/database.

化碳^①。

二、评价结果

美国 ETII 领先优势显著，为能源科技创新引领国。美国有全球最优的能源科技创新环境，高强度的创新研发资金投入、人力投入，以及更加完善的清洁技术基础设施，促进其能源技术专利产出、产业培育规模快速增长，并在清洁、安全、高效发展的能源系统构建上取得了显著成效。

美国在创新环境、创新投入、创新产出、创新成效四个维度指标上的表现均处在领先位置，尤以创新环境和创新产出表现显著，如图 4-1 所示。

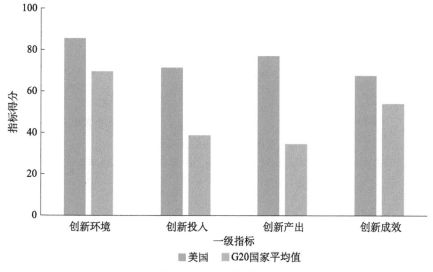

图 4-1　美国 ETII 各创新维度评价结果

美国在 14 个二级指标上表现强劲，政策环境、研发环境、公共资金投入、产业培育 4 个指标均处于领先位置，清洁发展环境、人力投入、基础设施投入、技术创新、清洁发展、安全发展等指标表现突出；而碳中和行动、低碳发展、高效发展等指标有所不足，其中低碳发展表现低于 G20 国家平均值，如图 4-2 所示。

───────────

① 数据源自 Key World Energy Statistics，网址为 https://www.oecd-ilibrary.org/energy/key-world-energy-statistics_22202811.

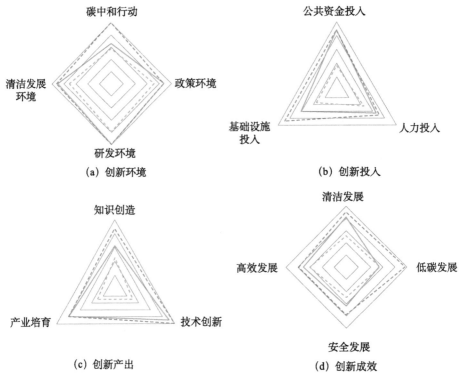

图 4-2　美国 ETII 二级指标得分雷达图

图中橙色虚线为 G20 国家最大值，绿色虚线为 G20 国家平均值，蓝色实线为美国得分

三、创新维度分析

1. 创新环境

（1）碳中和行动与政策环境

一直以来，美国都是全球最大的能源消费国之一，在经历第一次世界石油危机后，美国便提出"能源独立"的设想，以提高能源自给率，确保美国油气供应安全①。页岩革命不仅使美国成功转变成为世界上最大的油气生产国，同时也成为主要的油气出口国。2014 年，美国能源部简化了液化天然气

――――――――――――

① 美国"能源独立"战略对我国的启示 . http://www.nea.gov.cn/2012-08/15/c_131786939.htm[2021-12-16].

（liquified natural gas，LNG）的出口监管审批，促使美国成为全球主要的液化天然气供应商和天然气净出口国；2015 年，美国正式解除了实施长达 40 年的原油出口禁令。

美国能源革命具有非常规油气强势崛起、可再生能源规模不断扩大以及能源效率不断提高等典型特点，日益凸显的低能源成本优势为美国重振制造业和实体经济提供了强劲动力，并对就业增长、贸易平衡和能源安全等产生了广泛的积极影响。2014 年，美国奥巴马政府发布《全面能源战略》（The All-of-the-Above Energy Strategy）[1]，介绍了美国能源革命的内涵，阐述了美国能源革命对经济发展和能源安全的影响，同时提出了美国未来低碳化发展的主要措施，为构建清洁能源发展未来奠定基础。该战略是美国近年来极为重要的一份国家战略，其强调提高能源效率，重视发挥天然气在清洁能源转型中的中心作用，还积极推动各政府机构支持可再生能源、核能和其他零排放技术发展，推动交通领域清洁化。2017 年，美国特朗普政府上台后能源战略整体思路由"能源独立"转向"能源主导"，以谋求世界能源霸主地位，其战略的核心内容之一就是减少美国扩大能源生产和提高能源行业竞争力的监管障碍，宣布退出《巴黎气候协定》，解除奥巴马政府时期制定的限制传统能源发展的各类环保规章制度。

2021 年，美国拜登政府上台后制定了"清洁能源革命和环境正义"计划[2]以应对气候问题，承诺制定一系列行业标准和激励措施，以降低电力、运输、工业和其他部门碳排放；在能源基础设施建设、终端应用和低碳技术创新发展等方面投资 2 万亿美元；重返《巴黎气候协定》，以谋求全球气候治理领导地位，并联合世界各国在多边主义平台上相互合作，确保美国到 2035 年实现零碳电力、2050 年实现净零排放，并于 2021 年 4 月提交最新的 2030 年减排目标[3]。在 2021 年 2 月彭博新能源财经发布的《G20 国家零碳政策记分牌》

---

[1] The All-of-the-Above Energy Strategy as a Path to Sustainable Economic Growth. https://obamawhitehouse.archives.gov/sites/default/files/docs/aota_report_updated_july_2014.pdf[2021-12-16].

[2] The Biden Plan for A Clean Energy Revolution and Environmental Justice. https://joebiden.com/climate-plan/[2021-12-16].

[3] Reducing Greenhouse Gases in the United States: A 2030 Emissions Target. https://www4.unfccc.int/sites/ndcstaging/PublishedDocuments/United%20States%20of%20America%20First/United%20States%20NDC%20April%202021%202021%20Final.pdf[2021-12-16].

报告[①]中，美国排第9位，其主要在建筑、工业、循环经济政策制定上表现不足。

为保障能源战略的有效实施，2005年美国政府出台了支持和引领能源生产的《能源政策法》（Energy Policy Act）[②]，作为美国能源的基本法律，制定了能源效率、可再生能源、油气、煤炭、核安全、交通燃料与动力、氢能、电力、水电和地热能、气候变化技术以及能源税收优惠等在内的多项具体政策。2007年，美国政府制定了《能源独立与安全法》（Energy Independence and Security Act）[③]，旨在加强国家能源安全，发展可再生能源和清洁燃料，提高能源效率，促进碳捕集、利用和封存（carbon capture, utilization and storage，CCUS）研究和部署等。2009年，美国出台了《美国复苏与再投资法2009》（American Recovery and Reinvestment Act of 2009）[④]，在应对金融危机的经济刺激投资中大幅增加了能源计划的拨款，特别是对能源效率和可再生能源的投资。此外，美国还形成了较为完备的能源法律体系[⑤]，包括《联邦电力法》[⑥]《水电监管效率法2013》（Hydropower Regulatory Efficiency Act of 2013）[⑦]、《发电厂和工业燃料使用法》（Powerplant and Industrial Fuel Use Act）[⑧]《天然气法》[⑨]《天然气政策法1978》[⑩]

① G20 Zero-Carbon Policy Scoreboard. https://assets.bbhub.io/professional/sites/24/BNEF-G20-Zero-Carbon-Policy-Scoreboard-EXEC-SUM.pdf[2021-12-16].

② Energy Policy Act (EPAct) of 2005. https://www.ferc.gov/enforcement-legal/legal/federal-statutes/energy-policy-act-epact-2005[2021-12-16].

③ Summary of the Energy Independence and Security Act. https://www.epa.gov/laws-regulations/summary-energy-independence-and-security-act[2021-12-16].

④ One Hundred Eleventh Congress of the United States of America. https://www.govinfo.gov/content/pkg/BILLS-111hr1enr/pdf/BILLS-111hr1enr.pdf[2021-12-16].

⑤ Federal Statutes. https://www.ferc.gov/enforcement-legal/legal/federal-statutes [2021-12-16].

⑥ Federal Power Act. https://www.ferc.gov/sites/default/files/2021-04/federal_power_act.pdf[2022-02-09].

⑦ One Hundred Thirteenth Congress of the United States of America. https://www.ferc.gov/sites/default/files/2020-04/bills-113hr267enr.pdf[2022-02-09].

⑧ H.R.5146 - Powerplant and Industrial Fuel Use Act. https://www.congress.gov/bill/95th-congress/house-bill/5146[2022-02-09].

⑨ Natural Gas Act. https://www.ferc.gov/sites/default/files/2021-04/natural_gas_act.pdf[2022-02-07].

⑩ Natural Gas Policy Act of 1978. https://www.eia.gov/oil_gas/natural_gas/analysis_publications/ngmajorleg/ngact1978.html[2022-02-09].

等化石能源与新能源法律法规，《地面交通法》①《公共事业管理政策法1978》②
等公用事业法律法规，《能源政策与节能法》③等能源终端利用法律法规，《国
家环境政策法1969》④《清洁空气法》（Clean Air Act）⑤《联邦水污染控制法》⑥
等污染防治方面的法律法规。

　　同时，美国有较为完善的能源产业监管体系。美国能源部制定的《能源
效率强制条例指南》⑦，要求家电制造商必须向美国能源部提交符合规定的声
明和认证报告，并必须维持符合规定的记录，以更好地遵守美国《能源政策
与节能法》的能源效率规定。美国国家环境保护局（Environmental Protection
Agency，EPA）⑧作为能源相关监管机构，提出以国家空气质量标准和严格指
导方针降低机动车排放、加强海上石油运输保障、国家溢油应急处理等规定，
2016年美国国家环境保护局出台《石油和天然气部门新建、重建和改造来源
的排放标准》⑨，规定了温室气体（greenhouse gas，GHG）和挥发性有机化合
物（volatile organic compound，VOC）的排放标准。此外，根据世界银行发布
的《营商环境2020》报告⑩，美国在G20国家范围内营商环境仅弱于韩国，但
与全球领先者新加坡、丹麦、新西兰等国家尚有一定距离。联合国环境规划署

① Fixing America's Surface Transportation Act. https://www.govinfo.gov/content/pkg/PLAW-
114publ94/pdf/PLAW-114publ94.pdf[2022-02-09].

② Public Utility Regulatory Policies Act of 1978. https://www.ferc.gov/media/public-utility-
regulatory-policies-act-1978[2022-02-09].

③ Energy Policy and Conservation Act. https://www.govinfo.gov/content/pkg/COMPS-845/pdf/
COMPS-845.pdf[2022-01-19].

④ National Environmental Policy Act of 1969. https://www.ferc.gov/media/national-
environmental-policy-act-1969[2022-02-09].

⑤ Summary of the Clean Air Act. https://www.epa.gov/laws-regulations/summary-clean-air-
act[2022-02-09].

⑥ Federal Water Pollution Control Act. https://www.epa.gov/sites/default/files/2017-08/
documents/federal-water-pollution-control-act-508full.pdf[2022-02-09].

⑦ Guidance on Energy-Efficiency Enforcement Regulations. https://www.federalregister.gov/
documents/2009/10/14/E9-24666/guidance-on-energy-efficiency-enforcement-regulations [2022-01-16].

⑧ The Origins of EPA. https://www.epa.gov/history/origins-epa[2021-12-16].

⑨ Oil and Natural Gas Sector: Emission Standards for New, Reconstructed,and Modified Sources.
https://www.govinfo.gov/content/pkg/FR-2016-06-03/pdf/2016-11971.pdf[2021-12-16].

⑩ Doing Business 2020. https://documents1.worldbank.org/curated/en/688761571934946384/
pdf/Doing-Business-2020-Comparing-Business-Regulation-in-190-Economies.pdf[2022-02-16].

（United Nations Environment Programme，UNEP）2019 年发布的《可持续金融进展报告》中对 G20 国家绿色金融体系七个领域进行了评估，报告显示美国仅布局了本地绿色债券市场、环境和财务风险知识分享两个领域，有待进一步完善[①]。

美国在能源技术创新合作上处于全球领导地位，积极参与众多的国际性能源研发创新合作项目，参与了国际能源署组织协调的 37 项技术合作研究计划（Technology Collaboration Programmes）中的 32 项，以及"创新使命"（Mission Innovation）组织的 8 项"使命挑战"技术合作研究计划。此外，美国倡议并创立了清洁能源部长级会议（Clean Energy Ministerial，CEM），以促进全球在能源领域的合作，推动全球向清洁能源经济过渡。

（2）研发环境

美国是世界上最大的能源生产和消费国之一，同时也是科技最发达、科技成果最多、科技创新体系最为完备的国家。历年来，美国政府高度重视能源科技研发，以维持其全球能源技术领先地位。

美国政府把推动能源科技创新、促进科学技术为国家利益服务视为自身的责任和义务，早在 20 世纪 70 年代即成立了内阁级部门——美国能源部，归口统筹全国能源行业管理和领域研发工作。2009 年以来，美国能源部相继设立了先进能源研究计划署、能源前沿研究中心和能源创新中心等新型创新平台，并改革下属的国家实验室体系，有效融合产学研各方资源，经过长期积累和逐步发展形成了富有生机和活力的能源科技创新体系。在管理层面，除了美国国家科学基金会（National Science Foundation，NSF）对包括能源领域在内的基础研究进行资助管理外，美国能源部负责统筹协调管理能源科技创新工作，能源科技计划的实施和多部门之间的战略合作。美国能源部以贯穿创新价值链的研究项目和计划管理为主要运行形式，设置了相应的业务管理部门（如科学办公室、化石能源办公室、核能办公室、能效与可再生能源办公室等），资助和管理从基础研究到应用研究直到贷款担保支持早期产业发展的项目和计划的实施。

美国能源研究、开发和示范的国家战略科技力量是美国能源部下辖的 17

---

① Sustainable Finance Progress Report. https://wedocs.unep.org/bitstream/handle/20.500.11822/34534/SFPR.pdf?sequence=1&isAllowed=y[2021-12-16].

个国家实验室，这些实验室在研究领域的分布既有差异，也有重叠，形成有机互补、覆盖全面的研究和开发网络，且拥有世界级的先进能源研究设施。近年来，美国一直投入大量资源用于能源研发与示范，以促进能源领域的创新，提高美国工业的竞争力，从而应对能源格局变化带来的挑战。大部分研发与示范资金用于清洁能源技术研究，包括核能（尤其是小型核反应堆）、碳捕集、利用和封存，能源效率等。随着可再生能源发电量的增长和电动汽车的发展，以及极端天气和网络攻击发生频率的增加，电网现代化研究亦成为美国能源部重要的资助领域。同时，美国能源部还通过制定技术援助计划（Technical Assistance Program，TAP），支持国家实验室在可再生能源、能源效率、空气污染等领域与各州开展技术合作。

为积极应对气候挑战，美国国家环境保护局制定了"空气与能源：战略研究行动计划（2019—2022）"①，研究制定可持续的创新解决方案，以保护公众健康和提升环境质量。此外，美国还公布了《更好储能技术法》（Better Energy Storage Technology Act）②，以开展基础研究和应用研究计划，支持电动汽车、电网规模储能系统的开发。

（3）清洁发展环境

在美国能源系统中，可再生能源扮演着日益重要的角色，尤其是在发电领域。2018 年，美国非化石能源发电量占比超过 35%，其中可再生能源发电量占比为 15.81%、核能发电量占比达 19.06%；可再生能源在一次能源供应总量（total primary energy supply，TPES）中的占比达 7.8%，占终端能源消费总量的 5.6%；其中，燃料乙醇在交通运输领域发展迅猛，在交通能源消费中的占比达 5.1%，在国际能源署成员国中处于领先地位③。但在可再生能源发展环境上，其发展计划、激励和监管机制、金融和监管机制、并网和使用、监测制度等方面，均有较大的改善空间。在能效发展环境上，美国制定了较为明确的国家计划，融资机制、交通领域监管机制、最低能效监管机

① Air and Energy: Strategic Research Action Plan 2019-2022. https://www.epa.gov/sites/production/files/2020-10/documents/a-e_fy19-22_strap_final_2020.pdf[2022-01-16].

② S. Rept. 116-135-Better Energy Storage Technology Act. https://www.govinfo.gov/app/details/CRPT-116srpt135/CRPT-116srpt135[2022-02-10].

③ Energy Policies of IEA Countries: United States 2019 Review. https://iea.blob.core.windows.net/assets/7c65c270-ba15-466a-b50d-1c5cd19e359c/United_States_2019_Review.pdf [2022-01-16].

制，以及碳定价监测制度。在电气化发展环境上，美国发布了正式批准的国家计划和覆盖范围，以及明确的微型电网、独立系统框架、公用事业效用监测机制。

美国拥有世界上最大规模的核工业，先进核能一直是长期能源战略的重要组成。2018 年颁布的《核能创新能力法》[①] 提出引导私营部门提供研发与示范资金，促进学术界、国家实验室、企业在先进核能研究中的合作。2019 年颁布的《核能创新和现代化法》[②] 提出支持先进反应堆的部署，开发基于快中子能谱的研究堆以测试先进反应堆的燃料和材料。2019 年颁布的《核能领导法》[③] 旨在推进先进核反应堆技术的研发，巩固美国在民用核能领域的全球领导地位。《先进核能技术法》[④] 提出，美国能源部必须在 2025 年 12 月 31 日之前完成至少两个先进核反应堆示范项目，在 2035 年 12 月 31 日之前展示 2～4 个可运行的核反应堆设计；制定与先进核反应堆有关的研究目标，推进各种先进示范核反应堆设计；必须每两年制定和更新其核能办公室的十年战略规划。

美国是氢能经济的倡导者，早在 20 世纪 70 年代即提出了氢经济的概念。1996 年美国通过《氢能未来法》（Hydrogen Future Act）[⑤]，支持开展氢能的生产、储存、运输和利用的研发示范工作。此后，相继发布了《美国向氢经济过渡的 2030 年远景展望》[⑥]《国家氢能路线图》[⑦]《美国燃料电池和氢能基础设施

---

① S.97-Nuclear Energy Innovation Capabilities Act of 2017. https://www.congress.gov/bill/115th-congress/senate-bill/97[2022-01-16].

② S.512-Nuclear Energy Innovation and Modernization Act. https://www.congress.gov/bill/115th-congress/senate-bill/512[2021-11-07].

③ S.903-Nuclear Energy Leadership Act. https://www.congress.gov/bill/116th-congress/senate-bill/903/related-bills[2021-11-07].

④ H.R.3358 - Advanced Nuclear Energy Technologies Act. https://www.congress.gov/bill/116th-congress/house-bill/3358[2022-02-10].

⑤ Hydrogen Future Act of 1996. https://www.hydrogen.energy.gov/pdfs/hydrogen_future_act_1996.pdf[2021-11-07].

⑥ A National Vision of America's Transition to a Hydrogen Economy — To 2030 and Beyond. https://www.hydrogen.energy.gov/pdfs/vision_doc.pdf[2021-11-21].

⑦ National Hydrogen Energy Roadmap. https://www.hydrogen.energy.gov/pdfs/national_h2_roadmap.pdf[2021-12-07].

法2012》^①、"氢能燃料倡议"^②和"氢能技术研究、开发和示范行动计划"^③、"氢能和燃料电池多年期计划"^④等规划文件，从战略到战术层面提出了到2040年实现氢经济、形成以氢能为基础的能源体系的目标。2016年11月，美国能源部提出了"H2@Scale"^⑤重大研发计划，并成立了产学研联盟来整合政府、国家实验室、企业等研究力量，共同探索解决氢能规模化应用所面临的技术和基础设施挑战，在美国多个行业实现价格合理、可靠的大规模氢气生产、运输、储存、利用。2021年6月，美国能源部启动了"氢能攻关"（Hydrogen Energy Earthshot）计划^⑥，目标是在未来十年使清洁氢成本降低80%至1美元/千克，以加速氢能技术创新并刺激清洁氢能需求。

美国是仅次于中国的全球第二大电动汽车市场。早在1990年美国颁布的《清洁空气法修正案》^⑦中，就强调对达不到空气标准的地区必须使用包括电动汽车在内的清洁能源汽车，此后美国能源部多次大量投资支持电动汽车研发，包括"自由合作汽车研究计划"和"新一代汽车伙伴计划"等，支持内容包括动力电池、燃料电池、车辆轻量化等。2013年，美国能源部发布了"电动汽车普及大挑战蓝图"^⑧，计划利用十年时间，通过技术创新方式提高电动汽车的

---

① The Fuel Cell and Hydrogen Infrastructure for America Act of 2012. https://larson.house.gov/sites/larson.house.gov/files/migrated/images/stories/Fuel_Cell_and_Hydrogen_Infrastructure_for_America_Act_Summary.pdf[2021-09-07].

② Hydrogen Fuel Initiative. https://www.hydrogen.energy.gov/h2_fuel_initiative.html[2021-12-07].

③ Hydrogen Posture Plan：An Integrated Research, Development and Demonstration Plan.https://www.energy.gov/sites/prod/files/2014/03/f11/hydrogen_posture_plan_dec06.pdf[2021-12-21].

④ Hydrogen and Fuel Cell Technologies Office Multi-Year Research, Development, and Demonstration Plan. https://www.energy.gov/eere/fuelcells/articles/hydrogen-and-fuel-cell-technologies-office-multi-year-research-development [2022-02-10].

⑤ H2@Scale: Enabling affordable, reliable, clean, and secure energy across sectors. https://www.energy.gov/sites/prod/files/2019/02/f59/fcto-h2-at-scale-handout-2018.pdf[2021-11-16].

⑥ Secretary Granholm Launches Hydrogen Energy Earthshot to Accelerate Breakthroughs Toward a Net-Zero Economy. https://www.energy.gov/articles/secretary-granholm-launches-hydrogen-energy-earthshot-accelerate-breakthroughs-toward-net[2022-01-07].

⑦ The Clean Air Act – Highlights of the 1990 Amendments. https://www.epa.gov/sites/production/files/2015-11/documents/the_clean_air_act_-_highlights_of_the_1990_amendments.pdf[2021-09-07].

⑧ EV Everywhere grand challenge blueprint. https://www.energy.gov/sites/prod/files/2014/02/f8/eveverywhere_blueprint.pdf[2021-12-07].

性价比和市场竞争力。为解决锂电池生产原料短缺和锂电池产能不足等瓶颈，2016 年美国能源部推出了"电池 500"计划[①]，资助开发长循环寿命、高能量密度的锂电池，加速推进动力电池技术进步，以摆脱对外依赖的情况。2020年 12 月，美国能源部公布了《储能大挑战路线图》[②]，以推进技术开发与加速技术转化，增强美国国内电池制造竞争力，确保供应链安全，维持美国在储能领域的全球领导地位。2021 年 6 月，美国能源部发布了《国家锂电池蓝图》[③]，作为美国第一份由政府主导制定的锂电池发展战略，提出了未来十年打造美国本土锂电池供应链的五大主要目标和关键行动，以指导与锂电池价值链相关的政府机构开展协作，满足不断增长的电动汽车和储能市场需求，确保国家长期经济竞争力和公平就业，实现拜登政府国家安全和能源气候目标。2021 年 7月，美国能源部发起"长时储能攻关"（Long Duration Storage Shot）计划，旨在未来十年实现将电网规模、长时储能成本降低 90% 的目标[④]，将加速清洁电力储能关键技术突破。

2. 创新投入

美国立志尽早实现能耗与经济脱钩，其在能源科技创新方面的资金、人力及基础设施投入力度均较大，并领先大部分国家。

公共资金投入指标处于领先位置，如图 4-3 所示。2019 年，美国能源公共研发经费总额达 77.6 亿美元，较 2018 年的 72.8 亿美元增长了近 7%，其中清洁能源公共研发经费占比达 92.5%，能源基础研究经费占比达 44.3%。2018年，美国每千美元 GDP 的能源公共研发经费投入强度达 0.347，低于日本、中国、法国、加拿大。

---

① Battery500 Consortium. https://www.pnnl.gov/projects/battery500-consortium [2022-01-07].

② Energy Storage Grand Challenge Roadmap. https://www.energy.gov/energy-storage-grand-challenge/articles/energy-storage-grand-challenge-roadmap[2022-02-10].

③ National Blueprint for Lithium Batteries. https://www.energy.gov/eere/vehicles/articles/national-blueprint-lithium-batteries[2022-02-16].

④ Secretary Granholm Announces New Goal to Cut Costs of Long Duration Energy Storage by 90 Percent. https://www.energy.gov/articles/secretary-granholm-announces-new-goal-cut-costs-long-duration-energy-storage-90-percent[2022-02-16].

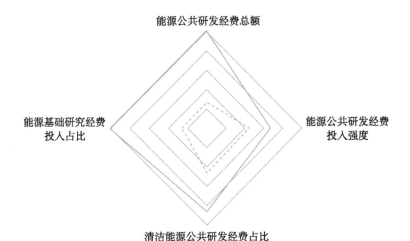

图 4-3　美国公共资金投入三级指标得分雷达图

图中蓝色实线为美国各指标得分，绿色虚线为 G20 国家各指标平均得分

人力投入指标处在先进行列，如图 4-4 所示。2019 年，美国可再生能源从业人员接近 76 万人，仅次于中国、巴西、印度，万名就业人员中可再生能源从业人员数接近 45.52 人，太阳能从业人员数占可再生能源人员比例达 33.1%，风能从业人员数占可再生能源人员比例达 15.9%。2017 年，美国每百万人 R&D 人员（全时当量）数较领先国家韩国存在一定差距。

图 4-4　美国人力投入三级指标得分雷达图

图中蓝色实线为美国各指标得分，绿色虚线为 G20 国家各指标平均得分

基础设施投入指标表现强劲，如图 4-5 所示。2019 年，美国公共充电桩数量达 77 358 个，较 2018 年增长 42%，在全球仅次于中国，但人均投入强度处于中游水平，车桩配套设施相对较差。加氢站数量达 64 个，仅次于日本、德国；储能装机容量达 2.4×10^6 千瓦，仅次于中国、日本；输电网长度达 37.6 万千米，仅次于中国、印度。

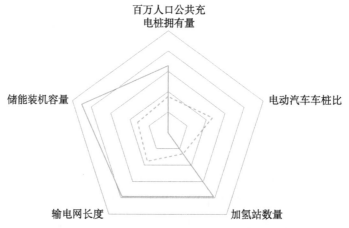

图 4-5　美国基础设施投入三级指标得分雷达图

图中蓝色实线为美国各指标得分，绿色虚线为 G20 国家各指标平均得分

3. 创新产出

高质量的原始创新和大规模的技术应用是美国长期位居创新强国的重要因素。美国在反映技术创新和产业培育规模的指标上处于领先位置，而在反映知识创造质量的指标上居前。

知识创造指标处于中上游水平，如图 4-6 所示。美国能源领域科技论文发文量和 TOP 1% 高被引能源科技论文规模仅次于中国，但强度指标单位 GDP 能源科技论文发文量和人均能源科技论文发文量相对较低。技术创新表现仅次于日本，能源领域五方专利申请量、能源领域 PCT 专利申请量均低于日本，但领先其他国家，如图 4-6 所示。

在可再生能源、清洁技术等产业发展上，美国持续保持着市场活力，产业产出规模具有明显的领先优势，如图 4-7 所示。在《中国能源报》发布的"2020 全球新能源企业 500 强"榜单中，美国共有 74 家入选，仅次于中国。安永会计师事务所 2020 年 11 月发布的第 56 版"可再生能源国家吸引力指数"，美国超越中国重新回到首位。2019 年，美国可再生能源装机总量（不含水电）

仅次于中国；可再生能源投资总额（不含大水电）达 555 亿美元，较 2018 年增长了 28%。美国氢能示范项目产能、先进核能示范项目数量明显领先其他国家，而电动汽车市场份额（2.0%）较法国、德国、英国等有显著差距。

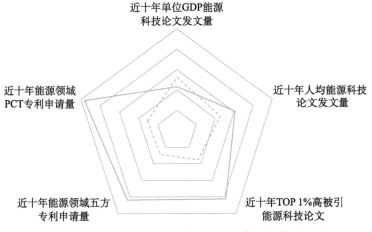

图 4-6　美国知识创造、技术创新三级指标得分雷达图

图中蓝色实线为美国各指标得分，绿色虚线为 G20 国家各指标平均得分

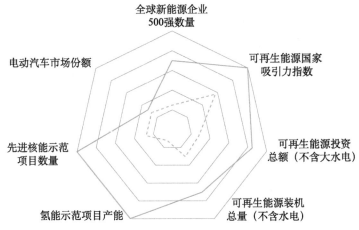

图 4-7　美国产业培育三级指标得分雷达图

图中蓝色实线为美国各指标得分，绿色虚线为 G20 国家各指标平均得分

4. 创新成效

着力建设"清洁、低碳、安全、高效"能源体系是美国在 ETII 上具有明显优势的重要因素。美国在创新成效上的整体表现居于前列，弱于巴西、加拿大、法国

等国家。除低碳发展外，美国在清洁发展、安全发展、高效发展方面均排名靠前。

清洁发展指标表现强劲，如图 4-8 所示。2019 年，美国生物燃料生产量较 2018 年下降了 2.7%，但仍在全球遥遥领先，人均生产量居首位；2018 年，其可再生能源发电量仅次于中国，人均可再生能源发电量弱于加拿大、德国、巴西；2018 年，美国非化石能源发电量占比达 34.6%，较法国、加拿大、巴西等国家有明显差距。空气污染治理得到有效改善，$PM_{2.5}$ 浓度、空气污染致死率低于大部分 G20 国家，但近三年均有所攀升。

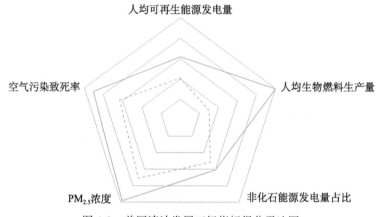

图 4-8　美国清洁发展三级指标得分雷达图

图中蓝色实线为美国各指标得分，绿色虚线为 G20 国家各指标平均得分

低碳发展指标表现有所不足，如图 4-9 所示。2018 年，美国二氧化碳排放总量达 51.17 亿吨当量，占全球排放总量的 15%，仅次于中国；尽管人均碳排放量在持续下降，但仍居于高位，仅低于澳大利亚、加拿大。2018 年，美国一次能源碳强度和单位 GDP 能源相关二氧化碳强度均处于中游水平，亟须进一步改善。2018 年，美国现代可再生能源占终端能源消费比例为 9.9%，低于 G20 国家平均值，较巴西、加拿大等国家差距明显；而人均可再生能源消费量仅次于加拿大、巴西。

安全发展指标处于领先地位，如图 4-10 所示。页岩革命不仅让美国成功转变为世界上最大的油气生产国，同时也逐步使美国从能源进口国变为强势的出口国，实现了能源独立。2019 年，美国燃料进口占总商品进口的比例较低，仅次于俄罗斯、沙特阿拉伯、土耳其和加拿大。2018 年，美国能源进口依存度继续降低，接近完全独立。2019 年，美国可供开采的煤炭资源丰富，而石油、天然气相对较弱。2018 年，美国一次能源供应多样性处于中游水平，原油占比超过 40%；而电力供应多样性居于前列，仅次于英国、德国、加拿大。

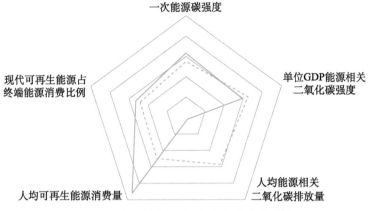

图 4-9　美国低碳发展三级指标得分雷达图

图中蓝色实线为美国各指标得分，绿色虚线为 G20 国家各指标平均得分

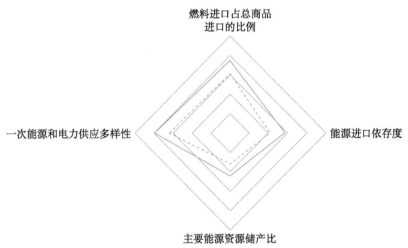

图 4-10　美国安全发展三级指标得分雷达图

图中蓝色实线为美国各指标得分，绿色虚线为 G20 国家各指标平均得分

高效发展指标表现较好，如图 4-11 所示。过去几十年，美国 GDP 几乎翻倍，但一次能源强度在持续降低，逐步实现了经济增长与能源脱钩。2018，美国单位能耗 GDP 经济产出持续提升，但仍弱于 G20 国家平均值。2018 年，美国电力装机容量利用率为 45%，处于中游水平。2017～2019 年，美国核电容量因子达 92.6%，居于领先位置。同时，美国政府投资维护电网的稳定性，避免电力短缺，提高面对极端天气、新型网络攻击、多元化能源资源的发电系

统，以及传统基荷电力（燃煤发电、核电）减少等情况的电力效率，2018年输配电损耗降至4.74%，不过较韩国、德国、日本、中国依旧有一定差距。

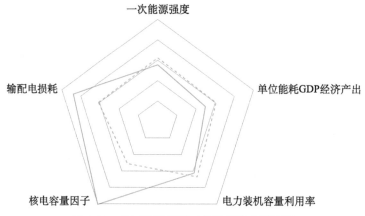

图 4-11　美国高效发展三级指标得分雷达图

图中蓝色实线为美国各指标得分，绿色虚线为 G20 国家各指标平均得分

第二节　德国

一、国家概况

德国位于欧洲中部，面积为 35.76 万平方千米，人口约 0.83 亿[①]，人均 GDP 为 46 208.43 美元（2020 年现价美元）[②]。德国是全球第四大经济体，也是欧洲最大的经济体，产业结构以服务业为主（占比接近 70%），同时也是机械、车辆、化工产品等主要出口国。过去几十年，德国能源供应结构逐渐从以煤和石油为主导向多元化转变，可再生能源占比逐渐增加，但石油和天然气仍是德国一次能源供应和终端能源消费的最主要能源，煤电依然是德国最大发电来源[③]。

①　德国国家概况. https://www.fmprc.gov.cn/web/gjhdq_676201/gj_676203/oz_678770/1206_679086/1206x0_679088/[2022-02-10].

②　人均 GDP（现价美元）-Germany. https://data.worldbank.org.cn/indicator/NY.GDP.PCAP.CD?view=chart&locations=DE[2022-02-10].

③　Germany 2020 Energy Policy Review. https://iea.blob.core.windows.net/assets/60434f12-7891-4469-b3e4-1e82ff898212/Germany_2020_Energy_Policy_Review.pdf[2021-08-27].

联合国可持续发展目标跟踪调查数据显示，德国2018年一次能源强度为67.82吨标油／百万美元（按2011年购买力平价），人均可再生能源消费量为0.18吨标油，非化石能源发电量占比达29.76%[1]。国际能源署的统计数据显示，德国2018年一次能源碳强度达2.30吨二氧化碳／吨标油，单位GDP能源相关二氧化碳强度为0.11千克二氧化碳／美元（按2015年购买力平价），人均能源相关二氧化碳排放量为8.40吨二氧化碳[2]。

二、评价结果

德国处于能源科技创新第二方阵，为创新先进国。德国不仅将可再生能源作为工业强国的未来主导能源，而且凭借其先进的工业体系、高水平的技术创新能力、灵活的市场机制，将技术创新的注意力从单一能源技术研发逐步转向能源系统集成和领域耦合，向全球输出绿色发展理念和技术体系，形成了高效、低碳、清洁的能源科技创新格局。

德国在创新环境、创新投入、创新产出、创新成效各个维度的表现比较均衡，均处在靠前位置，其中尤以创新环境、创新投入表现显著，如图4-12所示。

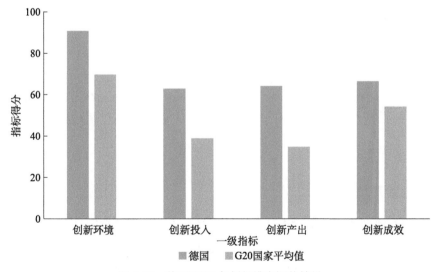

图4-12　德国ETII各创新维度评价结果

① 数据源自 SDG Indicators Database，网址为 https://unstats.un.org/sdgs/dataportal/database.
② 数据源自 Key World Energy Statistics，网址为 https://www.oecd-ilibrary.org/energy/key-world-energy-statistics_22202811.

　　德国在 14 个二级指标中，研发环境、碳中和行动、人力投入、高效发展处于领先位置，清洁发展环境、公共资金投入、基础设施投入、知识创造、技术创新、清洁发展、低碳发展等指标表现良好；产业培育表现一般；而政策环境、安全发展的表现有所不足，如图 4-13 所示。

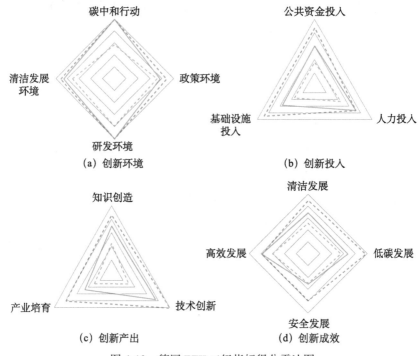

图 4-13　德国 ETII 二级指标得分雷达图

图中橙色虚线为 G20 国家最大值，绿色虚线为 G20 国家平均值，蓝色实线为德国得分

三、创新维度分析

1. 创新环境

　　德国在能源创新环境方面处于领先位置。德国的能源政策目标以经济可负担、能源供应安全和环境友好为方向，通过发展可再生能源与提升能源效率的方式推动向无核电力供应系统转型，以维持作为世界上最节能和最环保的经济体之一 [1]。不过，作为欧盟气候与能源行动的领导者，近年来德国气候与能源

---

[1]　The Energy Transition.https://www.bmwi.de/Redaktion/EN/Dossier/energy-transition.html [2021-12-27].

政策和治理绩效备受诟病。

（1）碳中和行动与政策环境

德国一直将其能源效率与气候战略相结合，致力于降低能源强度。2019年12月12日，德国《气候变化法》[①]正式生效，明确规定到2050年实现碳中和，成为最早通过具有约束力的气候法案设定国家气候目标的国家之一。其中，德国政府要在所有投资和采购过程中考虑减排目标，在2030年率先实现公务领域的温室气体净零排放。根据《气候变化法》，德国于2019年同步制定了"2030气候保护行动计划"[②]，以2030年作为新的时间节点，加速经济去碳化进程，制定包括碳定价、建筑节能改造、提高能源效率、资助相关科研项目等具体措施，涵盖能源、建筑、交通、工业、农业等多个领域[③]。2020年6月，德国向欧盟正式提交"国家能源与气候综合计划"[④]，明确到2030年能源效率、可再生能源、减排等目标。根据《欧洲绿色协议》（European Green Deal）[⑤]的要求，德国于2020年10月提出实现2050年碳中和的三个步骤和2030年减排65%的中间目标[⑥]。2021年5月，德国总理默克尔在第十二届彼得斯堡气候对话中宣布将碳中和目标期限提前至2045年[⑦]，联邦内阁通过的新《气候变化法

[①] Federal Climate Change Act. https://www.gesetze-im-internet.de/englisch_ksg/englisch_ksg.html[2022-02-10].

[②] Klimaschutzprogramm 2030.https://www.bmu.de/publikation/klimaschutzprogramm-2030/[2021-12-27].

[③] Klimaschutz für alle. https://www.bundesfinanzministerium.de/Content/DE/Standardartikel/Themen/Schlaglichter/Klimaschutz/2019-10-09-finanzierung-klimaschutzprojekt.html[2021-12-27].

[④] Nationaler Energie- und Klimaplan (NECP). https://www.bmwi.de/Redaktion/DE/Textsammlungen/Energie/necp.html[2021-12-27].

[⑤] The European Green Deal sets out how to make Europe the first climate-neutral continent by 2050, boosting the economy, improving people's health and quality of life, caring for nature, and leaving no one behind. https://ec.europa.eu/commission/presscorner/detail/en/IP_19_6691[2021-12-27].

[⑥] Towards a Climate-Neutral Germany. https://static.agora-energiewende.de/fileadmin2/Projekte/2020/2020_10_KNDE/A-EW_193_KNDE_Executive-Summary_EN_WEB_V111.pdf[2021-12-27].

[⑦] Germany to pull forward target date for climate neutrality to 2045. https://www.cleanenergywire.org/news/germany-pull-forward-target-date-for-climate-neutrality-2045 [2021-12-27].

2021》根据此目标进行了修订[①]。2021年12月，德国社民党、绿党和自民党组建的新执政联盟上台，签署联合组阁协议[②]，提出组建气候行动"超级部"——经济和气候保护部（Bundesministerium für Wirtschaft und Klimaschutz），再次将2030年可再生能源发电量占比提升至80%，并设定了2030年提前退煤目标，强化气候行动法律约束，敦促重新修订《气候变化法》以迅速推动绿色转型。在2021年2月彭博新能源财经发布的《G20国家零碳政策记分牌》报告中，德国排第一位，尤其是在电力、交通领域表现出较为明显的优势。

德国能源署（Deutsche Energie Agentur，DENA）负责实施气候保护计划中的各项措施，促进能源效率提高以及无害环境的能源转化、分配和使用，发展可再生能源，实施气候保护和可持续发展等。能源行业是德国温室气体排放最多的领域。多年以来，德国制定了积极的能源与气候目标，2016年德国政府批准了"2050气候行动计划"（Klimaschutzplan 2050），并于2020年更新了目标，提出到2050年实现广泛的温室气体中和，为经济社会全领域发展制定了指导原则、中长期目标和措施[③]。鉴于各部门实现能源和气候目标进展不均衡的情况，为了更好地跨部门协调，德国政府于2019年宣布成立气候保护内阁委员会，由总理默克尔直接领导，涵盖了与减缓气候变化相关的6个部门，将更快速直接做出决策，以减少从发电到农业等部门的碳排放。

近年来，德国一直推行以可再生能源为主导的"能源转型"战略，把可再生能源和能效作为战略的两大支柱，推动德国到2050年实现低碳、无核的能源体系。"能源转型"战略包括三个方面的目标：一是以"效率优先"为原则，减少所有终端用能部门的能耗；二是尽可能使用可再生能源；三是通过可再生能源发电来满足剩余的能源需求。2014年以来，德国实施了"国家能效行动计划"（Nationalen Aktionsplan Energieeffizienz）和"2050气候行动计

① Climate Change Act 2021. https://www.bundesregierung.de/breg-de/themen/klimaschutz/climate-change-act-2021-1936846[2022-02-10].

② Mehr Fortschritt Wagen: Bündnis für Freiheit, Gerechtigkeit und Nachhaltigkeit. https://www.spd.de/fileadmin/Dokumente/Koalitionsvertrag/Koalitionsvertrag_2021-2025.pdf[2022-02-10].

③ Climate Action Plan 2050. https://www.bmu.de/fileadmin/Daten_BMU/Pools/Broschueren/klimaschutzplan_2050_en_bf.pdf[2021-12-27].

划"，通过了《电力市场进一步开发法》[①]和《能源转型数字化法》[②]，并三次修订了《可再生能源法》（Erneubare Energien Gesetz）[③]。此外，德国默克尔政府承诺到 2022 年全面废除核电，到 2038 年淘汰燃煤发电[④]。而到 2021 年 12 月，德国新执政联盟进一步推动向可再生能源转型，联合组阁协议正式提出在"理想情况下"将淘汰燃煤发电的期限提前到 2030 年，将 2030 年可再生能源发电量占比从当前设定的 65% 提高到 80%[⑤]。

　　可再生能源是德国能源转型的核心，根据欧盟以及国家政策和立法制定了一套完善的短、中、长期可再生能源目标，包括：到 2020 年可再生能源在终端能源消费中占比达到 18%，发电量占比达 35%；到 2030 年可再生能源在终端能源消费中占比达到 30%，发电量占比达 65%；到 2050 年可再生能源在终端能源消费中占比达到 60%，发电量占比达 80%。德国部署可再生能源的主要政策框架包括：在电力、供热和交通运输领域推广可再生能源的具体政策，建筑部门的能效政策，以及一般性的能源和气候变化政策。为推广可再生能源在终端用能部门的部署，德国实施的举措如下：①电力领域，2014 年以来三次修订《可再生能源法》，最近一次于 2021 年 1 月 1 日生效的《可再生能源法》修正案[⑥]提出到 2030 年海上和陆上风能发电量占比超过 51%；同时《海上风能法》（Windenergie-auf-See-Gesetzes）修正案[⑦]规定，2030 年海上风电将

① Gesetz zur Weiterentwicklung des Strommarktes (Strommarktgesetz). https://dip.bundestag. de/vorgang/.../70185[2022-02-10].

② Gesetz zur Digitalisierung der Energiewende. https://www.bmwi.de/Redaktion/DE/Downloads/ Gesetz/gesetz-zur-digitalisierung-der-energiewende.pdf?__blob=publicationFile&v=4 [2022-02-10].

③ Germany 2020 Energy Policy Review. https://iea.blob.core.windows.net/assets/60434f12-7891-4469-b3e4-1e82ff898212/Germany_2020_Energy_Policy_Review.pdf[2021-12-27].

④ Final decision to launch the coal-phase out – a project for a generation. https://www.bmwi. de/Redaktion/EN/Pressemitteilungen/2020/20200703-final-decision-to-launch-the-coal-phase-out. html[2021-12-27].

⑤ Mehr Fortschritt Wagen: Bündnis für Freiheit, Gerechtigkeit und Nachhaltigkeit. https://www. spd.de/fileadmin/Dokumente/Koalitionsvertrag/Koalitionsvertrag_2021-2025.pdf[2022-02-10].

⑥ Gesetz zur Änderung des Erneuerbare-Energien-Gesetzes und weiterer energierechtlicher Vorschriften. https://www.bmwi.de/Redaktion/DE/Artikel/Service/Gesetzesvorhaben/gesetz-zur-aenderung-des-eeg-und-weiterer-energierechtlicher-vorschriften.html[2021-12-27].

⑦ Entwurf eines Gesetzes zur Änderung des Windenergie-auf-See-Gesetzes und anderer Vorschriften. https://www.bmwi.de/Redaktion/DE/Downloads/E/entwurf-eines-gesetzes-zur-aenderung-des-windenergie-auf-see-gesetzes.pdf?__blob=publicationFile&v=6[2021-12-27].

提高到 20 吉瓦，2040 年达 40 吉瓦；到 2030 年光伏装机容量将达到 100 吉瓦。②供热领域，2015 年修订了"市场激励计划"，推行供热市场的统一监管制度，推广热泵，建立具有季节性储热的低温热网。③交通领域，将温室气体配额作为减少交通部门温室气体排放的一种手段，并推行电动汽车、生物燃料、铁路运输方面的措施。德国已采取措施改革电力市场法规，尤其是 2016 年通过了《电力市场进一步开发法》，以促进波动性可再生能源发电系统集成[①]。

德国在"能源转型"战略中高度重视能效。2014 年 12 月，德国政府通过了"国家能效行动计划"，采取一系列措施降低能耗，重点关注三个领域：①向消费者提供有关能效的信息和建议；②通过激励措施促进有针对性的能效投资；③采取更多行动以提升能效，包括要求大型企业进行能源审计，并对家用电器和新建筑物启用新能效标准等。根据"国家能效行动计划"，德国将 2016～2020 年节能措施的公共财政经费增加到 170 亿欧元。2019 年 12 月，德国公布《国家能效战略 2050》[②]，提出力争成为全球能源效率最高的经济体，并不断提高能源效率，到 2050 年一次能源消费较 2008 年相比减少一半。该战略为制定更强有力的能源效率政策奠定了基础，德国已开始实施"国家能效行动计划 2.0"[③] 和"能效路线图 2050"，同时也作为德国对实现欧盟能源效率目标的承诺，即到 2030 年一次能源消费和终端能源消费至少减少 32.5%。

德国有较为齐全的能源法律体系，先后通过《可再生能源法》、《能源工业法》[④]、《能源转型数字化法》和《综合能源法》[⑤] 等，以保障其能源政策和国家战略的有效实施。在能源产业监管上，德国《节能条例》[⑥] 是德国能源和气候

---

① Electricity Market of the Future. https://www.bmwi.de/Redaktion/EN/Dossier/electricity-market-of-the-future.html[2022-02-10].

② Energieeffizienzstrategie 2050. https://www.bmwi.de/Redaktion/DE/Publikationen/Energie/energieeffiezienzstrategie-2050.html[2021-12-27].

③ Der Nationale Aktionsplan Energieeffizienz (NAPE): Mehr aus Energie machen. https://www.bmwi.de/Redaktion/DE/Artikel/Energie/nape-mehr-aus-energie-machen.html[2022-02-10].

④ Gesetz über die Elektrizitäts- und Gasversorgung (Energiewirtschaftsgesetz - EnWG). https://www.gesetze-im-internet.de/enwg_2005/BJNR197010005.html[2022-02-10].

⑤ Energiesammelgesetz. https://www.bmwi.de/Redaktion/DE/Gesetze/Energie/Energiesammelgesetz.html[2022-02-10].

⑥ Energieeinsparverordnung.https://www.bmwi.de/Redaktion/DE/Gesetze/Energie/EnEV.html[2022-02-10].

保护政策的核心工具，其目的是确保德国政府能源政策目标的实现，该条例还确定建筑物的结构及供热系统、能源效率标准。此外，2019 年 12 月德国《燃料排放交易法》[①]正式生效，并从 2020 年 1 月 1 日开始对燃油供应商定价，为热能和公路运输行业建立国家排放交易体系，旨在构建独立的碳排放交易机制，以推动实现国家 2030 年气候目标和 2050 年碳中和目标。2020 年 5 月，联邦内阁同意修订《燃料排放交易法》，提高每吨二氧化碳的价格，"2030 气候保护行动计划"[②]明确提出实施固定的碳价体系，即 2021 年每吨二氧化碳 10 欧元、2022 年 20 欧元、2023 年 25 欧元、2024 年 30 欧元、2025 年 35 欧元。国家碳交易体系收入将支持各种气候保护措施，包括激励气候友好型交通、节能建筑等，以补偿高碳成本[③]。2005 年，德国成立联邦电力、天然气、电信、邮政和铁路网络局（Bundesnetzagentur）[④]，执行能源领域法律制定的有效审批程序，确保为公众提供安全廉价、友好高效和可持续的电力和天然气供应，以及能源供应系统的长期有效和可靠运行，以此促进德国超高压输电网适应可再生能源日益增长的形势。根据《能源服务法》[⑤]，2009 年德国成立联邦能效办公室（Bundesstelle für Energieeffizienz，BfEE）[⑥]旨在提高终端能源效率的成本效益，并帮助开拓能源服务、能源审计和其他效率措施的市场。

在营商环境上，德国仅次于韩国、英国、美国、澳大利亚等国家。德国积极参与众多的国际性能源研发创新合作项目，参与了国际能源署 37 项技术合作研究计划中的 32 项，"创新使命"组织的 8 项"使命挑战"技术合作研究计划，以及推进与南非的能源和气候（"绿色经济"）治理和公共管理国际

---

① Gesetz über einen nationalen Zertifikatehandel für Brennstoffemissionen (Brennstoffemissionshandelsgesetz-BEHG). https://www.gesetze-im-internet.de/behg/BJNR272800019.html[2022-02-10]

② Klimaschutzprogramm 2030. https://www.bmu.de/publikation/klimaschutzpro-gramm-2030/[2021-12-27].

③ Carbon Pricing Dashboard. https://carbonpricingdashboard.worldbank.org/map_data[2021-12-27].

④ The Bundesnetzagentur's duties. https://www.bundesnetzagentur.de/EN/General/Bundesnetzagentur/About/Functions/functions_node.html[2021-12-27].

⑤ Gesetz über Energiedienstleistungen und andere Energieeffizienzmaßnahmen (EDL-G). https://www.gesetze-im-internet.de/edl-g/BJNR148310010.html[2022-02-10].

⑥ Die BfEE. https://www.bfee-online.de/BfEE/DE/BfEE/bfee_node.html[2021-12-27].

合作[①]。

（2）研发环境

为了推动"能源转型"战略的发展，德国持续增加对能源技术研发的公共投入。德国政府将实施长期的能源研究计划作为能源技术创新的指导原则和配套政策，2018年公布了"第七期能源研究计划"，计划在2018～2022年共投入64亿欧元预算支持能源研究，较第六期计划（2013～2017年）增长了45%，预算资金主要来源于联邦预算和"能源与气候基金"（Energie- und Klimafonds，EKF），资助重点从单项技术转向解决能源转型面临的跨部门和跨系统问题，重点关注如下领域的研究：①终端用能部门的能源转型，如提升能效、降低能源消耗、增加可再生能源份额；②交通部门技术，如电池、燃料电池和生物燃料；③发电技术，包括各种可再生能源发电和火电技术；④可再生能源的系统集成，包括电网开发、储能和部门融合；⑤跨领域技术，如数字化、资源管理和碳利用技术；⑥核安全技术，重点关注到2022年核电厂的安全运行及其退役和放射性废物处置管理。此外，该计划还引入了"应用创新实验室"机制建立用户驱动创新生态系统，以加快成果转移转化。

与研究机构和行业的合作项目是德国公共能源研发经费投入的重要组成部分。在这些项目中，仅2018年企业能源研究经费即达到2.23亿欧元。这种筹资方法确保了由公共资助项目解决的研究问题与工业合作机构密切相关，在项目研究启动时已考虑将创新转移到实际解决方案和能源转换所需的产品上。为加快技术创新，德国政府启动了八个能源研究网络，在这些开放式网络中组织了大约4000名来自产业界和学术界的专家[②]。

"能源与气候基金"是德国能效相关措施和计划的主要资金来源之一，该基金于2010年由德国政府依照法律设立，由欧盟碳排放交易机制（EU Emissions Trading Scheme，EU-ETS）的许可权拍卖收入提供资金，重点支持建筑、工业、市政、产品和家用电器以及交通运输领域的各种能效措施。2018年，碳排放交易拍卖收入中有26亿欧元投入该基金，德国联邦预算还

---

① German development cooperation with South Africa. https://southafrica.diplo.de/sa-en/04_News/-/2220644[2021-12-27].

② Highlights in 2019. http://www.mission-innovation.net/our-members/germany/highlights-in-2019/[2021-12-27].

给该基金分配了 28 亿欧元。此外，德国政府还推行能源绩效合约（Energy Performance Contract，EPC），建立标准化的能源绩效合约范本。同时通过咨询程序，对公司和市政当局进行检查以确定合约是否有助于提高其能源效率。联邦政府还促进与各州政府之间的合作和对话，以协调和改善监管环境。

此外，为有效推动碳中和相关技术研发创新，德国发布的"经济刺激计划"将重点资助交通电气化、绿氢和数字化能源系统等技术研发，并将通过能源转型仿真实验室，专注氢能、储能、交叉领域等关键技术的创新与应用转化。

（3）清洁发展环境

近年来，德国实行以能效和可再生能源为支柱的"能源转型"战略，制定了积极的能源与气候目标，在可再生能源发电方面取得了显著进展，提前实现了 2020 年的目标，但在终端用能部门的进展差异较大，尤其是交通领域的能源转型和能效进展落后。

为保障其有效的能源与气候发展战略，2020 年 6 月，德国发布了《国家氢能战略》（Die Nationale Wasserstoffstrategie），使用可再生能源电解产生的"绿色"氢气是其策略的核心，并将加强氢能国际合作，规划到 2030 年"绿色"氢气将占氢气总供应量的 20%。2011 年日本福岛核事故后，德国政府决定加快能源转型，提出在 2022 年底之前完全淘汰核电。为此，德国政府还任命了一个独立的核能发展道德委员会。

根据《气候变化法》和"2030 气候保护行动计划"，德国将加快商业和私人充电基础设施建设，到 2030 年建设 100 万个充电桩；支持采购以氢能等替代能源为动力的货车，鼓励发展替代燃料和基础设施，到 2030 年大约 1/3 的重型公路运输里程由电动汽车或基于电力的替代燃料提供交通用能。

2. 创新投入

德国创新投入居于前列，领先于其他欧洲国家，仅次于中国、美国、日本。德国在公共资金投入指标上的表现如图 4-14 所示。其中，德国能源公共研发经费投入强度较日本、法国、美国等发达国家较低。2019 年，德国能源公共研发经费总额达 13 亿美元，较 2018 年增长 8%，主要集中在清洁能源领域，能源基础研究经费投入占比相对较低。

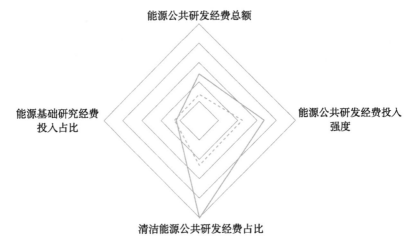

图 4-14 德国公共资金投入三级指标得分雷达图

图中蓝色实线为德国各指标得分，绿色虚线为 G20 国家各指标平均得分

人力投入指标处于领先位置，如图 4-15 所示。2019 年，德国可再生能源就业人员总数居欧洲第一，万名就业人员中可再生能源从业人员数仅次于巴西。由于德国风能已经超越核能和天然气成为第二大发电来源，可再生能源就业人员主要集中在风能行业，较其他国家更具优势。2018 年，德国每百万人 R&D 人员（全时当量）数处于前列。

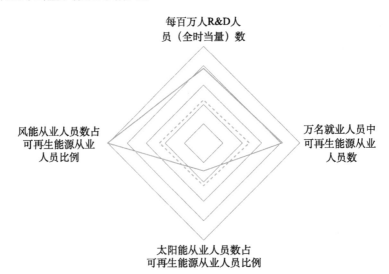

图 4-15 德国人力投入三级指标得分雷达图

图中蓝色实线为德国各指标得分，绿色虚线为 G20 国家各指标平均得分

　　基础设施投入指标表现强劲，如图 4-16 所示。2019 年，德国电动汽车保有量增长了 46%、公共充电桩数量增长了 44%，其中百万人口公共充电桩拥有量居于领先位置，但车桩配套建设较为缓慢。德国加氢站数量达 81 个，仅次于日本。德国是欧洲电力市场的核心，已经与邻国建立了互联，但智能输电网建设还有待一步的扩充。

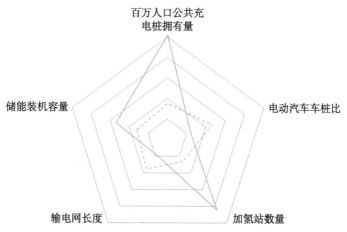

图 4-16　德国基础设施投入三级指标得分雷达图

图中蓝色实线为德国各指标得分，绿色虚线为 G20 国家各指标平均得分

3. 创新产出

　　德国创新产出表现处于前列，其中知识创造产出强度表现抢眼，而技术创新和产业培育的产出规模表现较好。

　　知识创造整体表现位居前列，如图 4-17 所示。德国能源科技论文发文总量以及人均、单位 GDP 能源科技论文发文量表现均处于靠前位置，TOP 1%高被引能源科技论文仅次于中国、美国、英国、澳大利亚。技术创新表现处于领先位置，能源领域五方专利申请量、能源领域 PCT 专利申请量仅次于日本、美国。

　　产业培育指标表现较好，如图 4-18 所示。其中，德国在新能源企业培育规模以及可再生能源装机总量（不含水电）等指标上的表现均强于欧洲国家，但较美国、中国、日本等领先国家仍存在差距。德国可再生能源国家吸引力指数上升至全球第 5。2010 ～ 2019 年德国可再生能源投资总额（不含大水电）达 1834 亿美元，仅次于中国、美国、日本，不过 2019 年下降了 30%。德国电动汽车市场份额提升显著，由2019年的3%增长至2020年的13.54%，领先其他国家。此外，氢能示范项目产能表现一般，德国已将淘汰核能纳入未来规划，故并未布局先进核能示范项目。

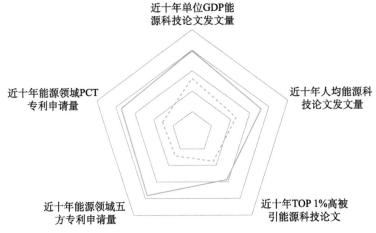

图4-17   德国知识创造、技术创新三级指标得分雷达图

图中蓝色实线为德国各指标得分，绿色虚线为G20国家各指标平均得分

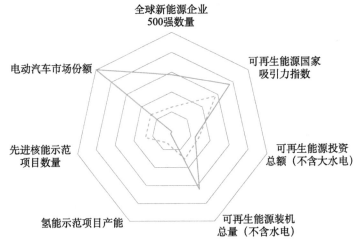

图4-18   德国产业培育三级指标得分雷达图

图中蓝色实线为德国各指标得分，绿色虚线为G20国家各指标平均得分

4. 创新成效

德国创新成效表现处于相对靠前位置，其中高效发展表现有明显优势。

清洁发展指标居于前列，如图4-19所示。2018年，德国人均可再生能源发电量仅次于加拿大，而非化石能源发电量占比相较领先国家仍存在较大差距，这与其淘汰核能和较高的煤炭发电占比有关。2019年，德国可再生能源发电量和人均可再生能源发电量均处于前列。此外，其PM$_{2.5}$浓度改善情况良好，但空气污染致死率并没有得到有效扭转。

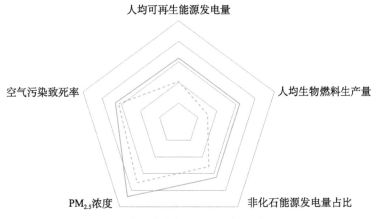

图4-19 德国清洁发展三级指标得分雷达图

图中蓝色实线为德国各指标得分，绿色虚线为G20国家各指标平均得分

低碳发展指标排名靠前，如图4-20所示。2018年，德国人均可再生能源消费量、现代可再生能源占终端能源消费比例表现较好；单位GDP能源相关二氧化碳强度处于中游水平，而一次能源碳强度、人均能源相关二氧化碳排放量仍有待进一步改善。

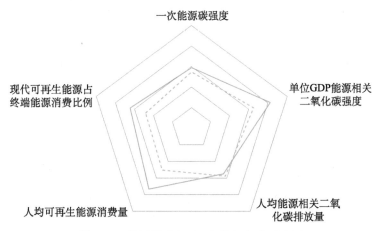

图4-20 德国低碳发展三级指标得分雷达图

图中蓝色实线为德国各指标得分，绿色虚线为G20国家各指标平均得分

安全发展指标处于中游水平，如图 4-21 所示。2018 年，德国能源进口依
存度较高，主要集中在石油、天然气方面。在一次能源供应多样性上，德国表
现良好，仅次于加拿大，主要在生物燃料与废物产能占比上有所欠缺；在电力
供应多样性上，德国仅次于英国，而在核电、水电上表现不足。

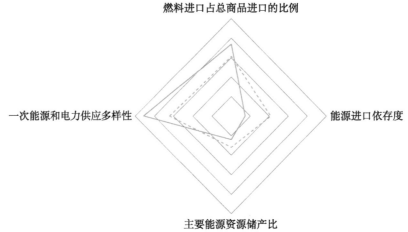

图 4-21　德国安全发展三级指标得分雷达图

图中蓝色实线为德国各指标得分，绿色虚线为 G20 国家各指标平均得分

高效发展指标处于领先位置，如图 4-22 所示。除电力装机容量利用率外，
德国其他指标均表现出较为明显的优势，其中输配电损耗仅次于韩国。

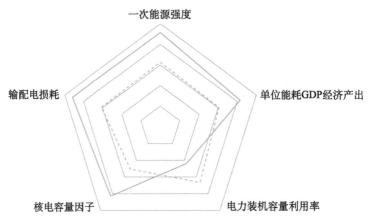

图 4-22　德国高效发展三级指标得分雷达图

图中蓝色实线为德国各指标得分，绿色虚线为 G20 国家各指标平均得分

第三节 日本

一、国家概况

日本位于亚洲东部，面积约37.8万平方千米，截至2021年7月人口约1.25亿[1]，人均GDP为40 193.25美元（2020年现价美元）[2]。日本能源资源极其匮乏，煤炭、石油、天然气等主要能源基本依赖进口，同时能源消耗总量仅次于中国、美国、印度、俄罗斯等国家。2011年，日本福岛核事故后，随着核电站的关闭，化石燃料作为核能替代能源的消费大幅增加，石油消费快速增长，导致其脱碳计划大幅延迟。

联合国可持续发展目标跟踪调查数据显示，日本2018年一次能源强度为81.91吨标油/百万美元（按2011年购买力平价），人均可再生能源消费量为0.04吨标油，非化石能源发电量占比达23.16%[3]。国际能源署的统计数据显示，日本一次能源碳强度达2.54吨二氧化碳/吨标油，单位GDP能源相关二氧化碳强度为0.20千克二氧化碳/美元（按2015年购买力平价），人均能源相关二氧化碳排放量为8.55吨二氧化碳[4]。

二、评价结果

日本是能源技术创新领导者，为创新先进国。日本将能源科技创新能力视为能源安全保障、能源稳定供给、实现脱碳化目标、提高产业竞争力的核心要素，拥有全球最优的能源技术创新产出和研发环境。同时，日本还加大人力投入、公共资金投入、基础设施投入，完善相关政策，营造了良好的清洁发展环

---

① 日本国家概况. https://www.fmprc.gov.cn/web/gjhdq_676201/gj_676203/yz_676205/1206_676836/1206x0_676838/[2022-02-11].

② 人均GDP（现价美元）-Japan. https://data.worldbank.org.cn/indicator/NY.GDP.PCAP.CD?locations=JP[2022-02-11].

③ 数据源自SDG Indicators Database，网址为https://unstats.un.org/sdgs/dataportal/database.

④ 数据源自Key World Energy Statistics，网址为https://www.oecd-ilibrary.org/energy/key-world-energy-statistics_22202811.

境，构建更加高效的能源科技创新体系。

日本在创新环境、创新投入、创新产出三个维度指标表现上均处在靠前位置，其中尤以创新环境和创新投入表现显著。但创新成效表现不足，日本高度依赖进口的能源结构、可再生能源消费占比仍较低、相对于其他发达经济体较高的碳排放强度以及福岛核事故冲击的核能产业，导致其在能源转型、清洁发展等方面表现相对较差，如图 4-23 所示。

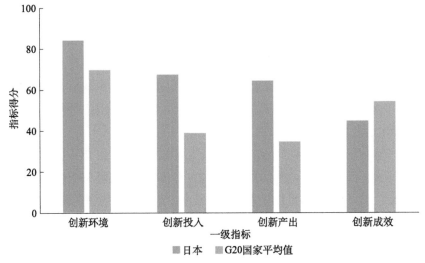

图 4-23　日本 ETII 各创新维度评价结果

日本在 14 个二级指标中，研发环境、技术创新处于领先位置，清洁发展环境、人力投入、基础设施投入、产业培育等指标表现突出，碳中和行动、公共资金投入具有一定的优势。但政策环境、知识创造、清洁发展、低碳发展、安全发展、高效发展等指标表现相对较差，尤其是安全发展，这与其较高的化石能源结构和进口依赖有关，如图 4-24 所示。

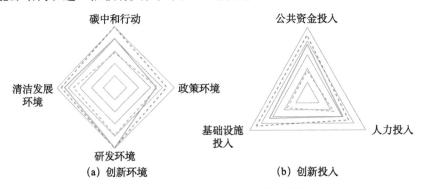

图 4-24　日本 ETII 二级指标得分雷达图

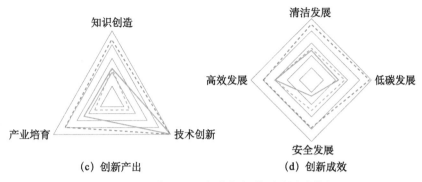

图 4-24　日本 ETII 二级指标得分雷达图（续）

图中橙色虚线为 G20 国家最大值，绿色虚线为 G20 国家平均值，蓝色实线为日本得分

三、创新维度分析

1. 创新环境

近年来，日本在提高能源系统效率、弹性和可持续性方面取得了显著进展，随着可再生能源扩张和核电重启[①]，燃油发电量有所下降，对化石燃料进口的需求逐步减少。尽管做出了种种努力，但由于本土能源资源匮乏，日本高度依赖进口化石燃料的局面仍未改变[②]。

（1）碳中和行动与政策环境

2002 年，日本颁布的《能源政策基本法》[③]确定了国家总体能源政策方向，是制定国家能源政策的重要依据。依据《能源政策基本法》，日本政府结合国内外能源格局变化，将制定《能源基本计划》（エネルギー基本計画）作为能源中长期发展规划的政策指南和行动纲领，约每隔三年修订一次，迄今已通过了 6 个版本的计划（2003 年 10 月、2007 年 3 月、2010 年 6 月、2014 年 4 月、2018 年 7 月、2021 年 10 月）。

---

① Country Nuclear Power Profiles 2019 Edition. https://www-pub.iaea.org/MTCD/Publications/PDF/cnpp2019/countryprofiles/Japan/Japan.htm[2021-12-27].

② Japan 2021 Energy Policy Review. https://www.iea.org/reports/japan-2021[2021-12-27].

③ エネルギー政策基本法. http://www.japaneselawtranslation.go.jp/law/detail/?id=3818&vm=04&re=01[2022-02-11].

在经历 2011 年的福岛核事故后，"安全性"便成为日本能源政策的重要因素。2014 年，日本政府出台了《第四次能源基本计划》[①]，描绘出至 2030 年的能源发展路线，指出未来发展方向是压缩核电发展，举政府之力加快发展可再生能源，推进"氢能社会"构筑，并将安全性原则增加到能源基本政策中。由此，日本形成了基于"3E+S"（能源安全、经济效率、环境保护、安全性）原则的能源政策，即在安全的前提下，确保能源的稳定供应，提升经济效率以实现低成本的能源供应，同时提高环保要求。2021 年，日本政府公布了《第六次能源基本计划》[②]，制定了到 2030 年温室气体排放量较 2013 年减排 46%～50%、到 2050 年实现碳中和目标的能源政策实施路径。该计划指出，为实现 2050 年碳中和目标，未来在保证能源供应安全的前提下，将最大限度地引进可再生能源；推动氢能，碳捕集、利用和封存技术的广泛示范；在保证安全、公信力的前提下，继续使用必要的核能发电技术；非电力部门将逐步实现电气化，而在电气化不可行的部门将通过使用氢能、合成甲烷和合成燃料进行脱碳；特别是在工业领域，氢还原炼铁和人工光合作用等创新技术对其脱碳进程至关重要。

为积极应对国际能源形势错综复杂的新情况，日本相继公布了能源革命的中期和长期战略。2016 年，日本经济产业省发布面向 2030 年产业改革的《能源革新战略》[③]，从政策改革和技术开发两方面推行新举措，确定了节能挖潜、扩大可再生能源和构建新型能源供给系统三大改革主题，并分别策划了节能标准义务化、新能源固定上网电价（feed-in tariff，FIT）改革以及利用物联网技术远程调控电力供需等战略措施，以实现能源结构优化升级，构建可再生能源与节能融合型新能源产业。同时，2016 年日本政府综合科技创新会议发布面向 2050 年技术前沿的《能源环境技术创新战略》[④]，主旨是强化政府引导下的研发体制，通过创新引领世界，保证日本开发的颠覆性能源技术广泛普及，实现到 2050 年全球温室气体排放减半和构建新型能源系统的目标。此外，2016 年日

① エネルギー基本計画. https://www.enecho.meti.go.jp/category/others/basic_plan/pdf/140411.pdf [2022-02-11].

② エネルギー基本計画. https://www.enecho.meti.go.jp/category/others/basic_plan/pdf/20211022_01.pdf[2022-02-11].

③ エネルギー革新戦略中間とりまとめ. https://www.enecho.meti.go.jp/committee/council/basic_policy_subcommittee/020/pdf/020_009.pdf[2021-12-27].

④ 「エネルギー・環境イノベーション戦略（案）」の概要. http://www8.cao.go.jp/cstp/siryo/haihui018/siryo1-1.pdf[2021-12-27].

本发布的《节能技术战略》^①，提出 2030 年终端能源消费、碳排放、能源效率等目标，涵盖了能源转换和供给、工业、居住、运输、跨部门五大领域 14 项重要技术方向。

日本约 90% 的温室气体排放来自与能源有关的活动，这已成为其气候政策的最关键因素^②。日本易受气候变化的多种影响，包括海平面上升、海岸侵蚀、更强烈的台风和干旱等。为应对越来越严峻的气候形势，日本于 1998 年便制定了《全球变暖对策推进法》^③，成为国家基本气候政策，其目的是通过制定实施计划减少人为造成的全球升温，并要求各地方政府和企业制定相应的减排计划。2015 年日本内阁制定了《国家适应气候变化影响计划》^④，详细介绍了基本适应方向和措施，该计划最终纳入了 2018 年 12 月签署的《气候变化适应法》^⑤，设定各部门和地方政府的义务，并提出每五年由环境省组织气候变化影响评估。2016 年 5 月，日本内阁根据《联合国气候变化框架公约》第 21 次会议和提交《国家自主贡献》(Nationally Determined Contributions) 方案的要求，制定了《全球变暖对策计划》^⑥，作为国家应对全球变暖的全面战略，并在 2021 年 10 月进行了更新^⑦。中央政府率先制定了实施计划书，要求各地方政府加强协调合作，推动国民环境保护意识的提升，展开全面的减排活动，日本各产业协会依据 "低碳社会计划书"，自主设定 2020 年和 2030 年的减排目标。2019 年 6 月，日本向《联合国气候变化框架公约》秘书处提交了第二次《国家自主贡献》方案^⑧，提出通过颠覆性创新，如人工光合作用，碳

---

① 「省エネルギー技術戦略 2016」を策定 . https://www.nedo.go.jp/news/press/AA5_100628. html[2021-12-27].

② The Carbon Brief Profile: Japan. https://www.carbonbrief.org/carbon-brief-profile-japan[2021-12-27].

③ 地球温暖化対策の推進に関する法律 . https://elaws.e-gov.go.jp/document?lawid=410AC0000000117 [2022-02-11].

④ 気候変動の影響への適応計画 . https://www.env.go.jp/earth/ondanka/tekiou/siryo1.pdf [2021-12-27].

⑤ 気候変動適応法 . http://www.env.go.jp/earth/tekiou/tekiouhou_jyoubun_r1.pdf[2021-12-27].

⑥ 地球温暖化対策計画 . https://www.env.go.jp/earth/ondanka/keikaku/onntaikeikaku-zentaiban.pdf[2021-02-11].

⑦ 地球温暖化対策計画 . http://www.env.go.jp/earth/211022/mat01.pdf[2021-02-11].

⑧ Submission of Japan's Nationally Determined Contribution(NDC). https://www4.unfccc.int/ sites/ndcstaging/PublishedDocuments/Japan%20First/SUBMISSION%20OF%20JAPAN'S%20 NATIONALLY%20DETERMINED%20CONTRIBUTION%20(NDC).PDF[2021-12-27].

捕集、利用和封存，氢能等技术，争取尽早在 21 世纪下半叶实现"无碳社会"。2020 年，日本时任首相菅义伟宣布将在 2050 年前实现碳中和目标，当年底日本政府发布了《2050 碳中和绿色增长战略》[①]，明确了 14 个领域的具体目标和任务，并在 2021 年 6 月进行了更新。2021 年 5 月，日本国会正式通过《全球变暖对策推进法修正案》[②]，以立法的形式明确了日本政府提出的到 2050 年实现碳中和目标，并于 2022 年 4 月施行，这是日本首次将温室气体减排目标写进法律。在 2021 年 2 月彭博新能源财经发布的《G20 国家零碳政策记分牌》报告中，日本排第 5 位，原因是其在工业和燃料去碳化上表现不足。

　　日本能源法律和监管体系比较完备，形成以基本法为核心，包括诸多单行法律及配套法规的金字塔体系结构[③]。日本能源立法从 20 世纪 50 年代开始，已构建了以《能源政策基本法》为指导，以煤炭立法、石油立法、天然气立法、电力立法、可再生能源立法、能源利用合理化立法、新能源利用立法、原子能立法、低碳城市法[④] 等为中心内容，相关部门实施令等为补充的能源法律制度体系。1997年，日本制定了《促进新能源利用特别措施法》[⑤]，大力促进发展风能、太阳能、地热能、垃圾发电和燃料电池发电等新能源与可再生能源，该法于 1999 年、2001 年、2002 年、2006 年多次进行修订。2011 年，日本颁布《电力公司采购可再生能源电力特别措施法》[⑥]，规定电力公司有义务购买个人和企

① 　2050 年カーボンニュートラルに伴うグリーン成長戦略. https://www.meti.go.jp/press/2020/12/20201225012/20201225012-2.pdf [2021-12-27].

② 　地球温暖化対策の推進に関する法律の一部を改正する法律案の閣議決定について. http://www.env.go.jp/press/109218.html[2021-12-27].

③ 　张剑虹. 美国、日本和中国能源法律体系比较研究. 中国矿业，2009，18（11）：12-14，28.

④ 　Low Carbon City Promotion Act (Eco-city Law)（Law No. 84 of 2014）. https://climate-laws.org/geographies/japan/laws/low-carbon-city-promotion-act-eco-city-law-law-no-84-of-2014[2021-12-27].

⑤ 　平成九年政令第二百八号：新エネルギー利用等の促進に関する特別措置法施行令. https://elaws.e-gov.go.jp/document?lawid=409CO0000000208_20150801_000000000000000 [2021-12-27].

⑥ 　平成二十三年法律第百八号：電気事業者による再生可能エネルギー電気の調達に関する特別措置法. https://elaws.e-gov.go.jp/document?lawid=423AC0000000108[2022-02-11].

业利用太阳能等发电产生的电力，并于2016年[1]、2020年[2]修订完善。在大力开发各种能源的同时，日本十分注重节能和环保技术的开发利用，采取行政督导和政策法规相结合的措施，鼓励企业生产节能高效的产品。早在1979年，日本便颁布了《能源利用合理化法》[3]，作为日本能源效率和节能政策的基础，指导工业、住宅、商业和交通运输等几乎所有用能领域的能源使用，并分别于1993年、1998年、2002年、2005年、2008年、2013年和2018年进行了一系列重大修订[4]。为加强能源市场监管，日本经济产业省专门成立了电力和天然气市场监督委员会[5]，旨在加强对电力、天然气和热能交易市场的监督，促进能源市场改革。

日本是国际能源合作的力推者，参与了国际能源署28项技术合作研究计划和"创新使命"组织的3项"使命挑战"技术合作研究计划。此外，其营商环境、绿色金融环境与美国、韩国等发达经济体相比有待进一步提升。

（2）研发环境

日本长期以来采用政府主导、官产学研相结合的体制推动重大科技领域的研发创新，如20世纪70年代即发起了多项重大研究计划，如新能源技术开发计划（即"阳光计划"）、节能技术开发计划（即"月光计划"）、能源环境领域综合技术推进计划（即"新阳光计划"）等。由于本国能源资源匮乏，所以日本在能源技术研发上主要从提高能源使用效率和大力研发新能源技术入手，调整能源结构，重点发展节能技术和核能、可再生能源、氢能与燃料电池等替代能源技术。其策略侧重于开发产业链上游的高端技术，依靠对产业链的掌控和影响使日本的能源产品和能源企业在世界市场上占据最大份额。政府鼓励国内

---

[1] Promulgation of the Partial Revision of the Act on Special Measures Concerning Procurement of Electricity from Renewable Energy Sources by Electricity Utilities. https://www.meti.go.jp/english/press/2016/0603_06.html[2021-12-27].

[2] Japan: Amendment of Renewable Energy Special Measures Act. https://www.iflr.com/article/b1nf33fmv434n9/japan-amendment-of-renewable-energy-special-measures-act[2021-12-27].

[3] エネルギーの使用の合理化に関する法律. http://www.japaneselawtranslation.go.jp/law/detail/?printID=&id=1855&re=01&vm=04[2021-12-27].

[4] Act on the rational use of energy (Energy Efficiency Act). https://www.iea.org/policies/573-act-on-the-rational-use-of-energy-energy-efficiency-act?country=Japan&jurisdiction=National&page=3&qs=JAPAN&status=In%20force[2021-12-27].

[5] 電力・ガス取引監視等委員会. https://www.emsc.meti.go.jp/committee/[2022-02-11].

企业向海外扩张，进行技术输出，以实现从能源进口大国向能源技术出口大国的转变。日本经济产业省具体负责能源行业战略政策制定及科技研发管理[1]，设在其下的国立研究开发法人新能源与产业技术综合开发机构是日本最大的公共研发管理机构[2]，利用弹性预算与管理体系，为实现政府中期科技计划和目标而设立研发项目。

2016 年，日本《能源环境技术创新战略》确定了日本未来将要重点推进的五大技术创新领域，包括利用大数据分析、人工智能、先进传感和物联网技术构建智能能源集成管理系统，创新制造工艺和先进材料开发实现深度节能，新一代蓄电池和氢能制备、储存与应用，新一代光伏发电和地热发电技术，以及二氧化碳固定与有效利用。为了确保顺利实现中长期发展目标，日本还提出了强化研发体系的若干举措，包括构建完善的研究体制，即政府主导、相关部门协同参与科技政策的制定和研究课题进展的评估审查；共享研究资源，即内阁府和各能源环境相关部门鼓励支持各研究机构（大学、国立科研机构和企业）共享研究资源，促进技术的研发；组建产学研联盟，加强企业、大学和国立科研机构的合作，推进技术创新和实用化进程。

日本是世界上能源科技研发投入力度最高的国家之一，《第五期科学技术基本计划》[3] 提出未来五年政府研发投资总额将达到 26 万亿日元（占 GDP 的比例达 1%），旨在通过政府、学术界、产业界和国民等相关各方的共同努力，把日本建成"世界上最适宜创新的国家"。该计划把能源和环境领域的"绿色创新"作为推动社会经济增长的两大支柱，提出了确保能源稳定供应、提高能源利用效率、应对全球气候变化等主要课题作为未来投入重点。为了应对气候变化全球挑战，日本新能源与产业技术综合开发机构制定了《促进清洁能源技术国际合作的研发创新计划（2020—2024）》，旨在加强日本科研机构和大学与 G20 国家的国际联合研究，以开发具有创新性的清洁能源技术，并于 2030 年后能够实际应用。

（3）清洁发展环境

根据《2050 碳中和绿色增长战略》，最迟到 21 世纪 30 年代中期，日本

---

[1]　经济产业省 . https://www.meti.go.jp/[2022-02-11].

[2]　新エネルギー産業技術総合開発機構 . https://www.nedo.go.jp/[2022-02-11].

[3]　科学技術基本計画 . https://www8.cao.go.jp/cstp/kihonkeikaku/5honbun.pdf[2021-12-27].

新车销售将用电动乘用车取代燃油车；预计到 2050 年日本电力需求将增加 30%～50%，未来将降低火力发电依赖，加快发展氢能、风能等清洁能源，同时有限度地重启核能发电。

此外，在电动汽车发展方面，日本加入了 EV30@30 运动，制定电动汽车中长期发展目标，提出到 2030 年纯电动汽车和插电式混合动力汽车销售占比达 20%～30%、混合动力汽车占比达 30%～40%、燃料电池汽车占比达 3%，到 2050 年四者占比达 100%。日本高度重视氢能和燃料电池产业发展，已将构建"氢能社会"上升到了国家发展战略的高度，是最早推出氢能战略的国家之一，并为此制定了一系列支持政策。2017 年 12 月，日本政府发布了《氢能基本战略》①，旨在率先实现氢能社会，设定了中期（2030 年）、长期（2050 年）的具体发展目标，即到 2030 年实现氢燃料发电商业化。该战略提出构建国际氢气供应链，建设无 CO_2 供氢（CO_2 free hydrogen）系统，实现氢能社会愿景。日本在 2018 年发布的《第五次能源基本计划》②中明确指出将氢能作为未来二次能源结构基础，作为应对气候变化和能源安全保障的关键抓手，将氢能置于与可再生能源同等重要的地位，氢能制备成本目标则要做到与油气等传统能源价格基本持平，助力"氢能社会"构建。2019 年 3 月，日本再次修订了《氢能与燃料电池战略路线图》③，围绕氢能供应链、氢能的应用领域提出了到 2030 年的一系列技术和经济指标。

2. 创新投入

日本在创新投入维度位居前列，除人力投入外，公共资金投入和基础设施投入均表现强劲。

日本公共资金投入指标得分居于前列，如图 4-25 所示，仅次于美国、中国。相比于 2018 年 20% 的增幅，2019 年日本能源公共研发经费下降了 3%，总额达 28.95 亿美元，仅次于中国、美国；每千美元 GDP 的能源公共研发经费投入强度达 0.593，明显领先于其他国家。清洁能源公共研发经费占比居于

---

① 水素基本戦略 . https://www.cas.go.jp/jp/seisaku/saisei_energy/pdf/hydrogen_basic_strategy. pdf[2021-12-27].

② エネルギー基本計画 . https://www.enecho.meti.go.jp/category/others/basic_plan/ pdf/180703.pdf[2022-02-11].

③ 水素・燃料電池戦略ロードマップを策定しました . https://www.meti.go.jp/ press/2018/03/20190312001/20190312001.html [2022-02-11].

前列，能源基础研究经费投入占比稍显不足。

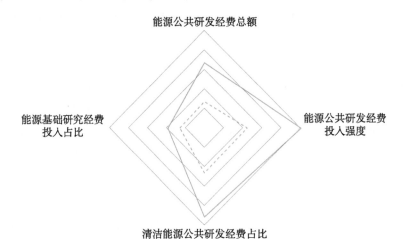

图 4-25　日本公共资金投入三级指标得分雷达图

图中蓝色实线为日本各指标得分，绿色虚线为 G20 国家各指标平均得分

人力投入强度指标处于靠前位置，如图 4-26 所示。2019 年，日本可再生能源就业人员达 26.5 万人，投入强度接近 39 人 / 万人，均居于前列，其人力投入主要集中在太阳能行业，占比达 94.37%。2018 年，每百万人 R&D 人员（全时当量）数仅次于韩国。

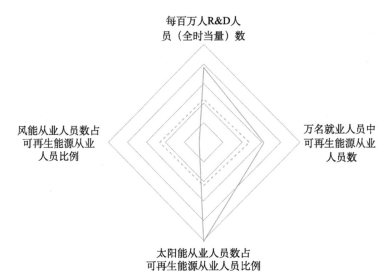

图 4-26　日本人力投入三级指标得分雷达图

图中蓝色实线为日本各指标得分，绿色虚线为 G20 国家各指标平均得分

日本一直以来都非常重视清洁能源基础设施建设。2019 年，日本公共充电桩人均投入强度处于靠前位置，车桩配套设施相对缓慢；加氢站数量达 113 个，全球领先。此外，日本储能装机容量仅次于中国，输电网建设有待进一步加强，日本基础设施投入三级指标得分情况如图 4-27 所示。

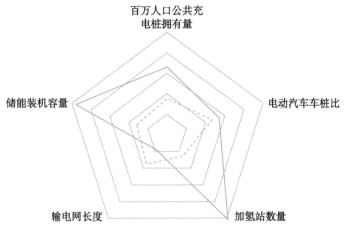

图 4-27 日本基础设施投入三级指标得分雷达图

图中蓝色实线为日本各指标得分，绿色虚线为 G20 国家各指标平均得分

3. 创新产出

日本在反映能源创新产出规模及质量上表现较为良好。知识创造产出表现一般。日本能源领域科技论文发文总量较中国、美国、德国、印度、韩国有不少差距，人均、单位 GDP 能源科技论文发文量以及 TOP 1% 高被引能源科技论文表现处于中游水平。但日本技术创新指标表现优势明显，能源领域五方专利申请量、能源领域 PCT 专利申请量均居领先位置，如图 4-28 所示。

产业培育发展规模居于前列，如图 4-29 所示。2020 年，日本有 54 家企业入围"全球新能源企业 500 强"，可再生能源装机总量（不含水电）、可再生能源投资总额（不含大水电）均排名靠前。2020 年，日本可再生能源国家吸引力指数排名下滑，低于美国、中国、印度等国家；日本氢能示范项目产能较美国、加拿大等国家存在不少差距；日本先进核能示范项目达 11 项，仅次于美国、俄罗斯；此外，日本电动汽车市场份额不足。

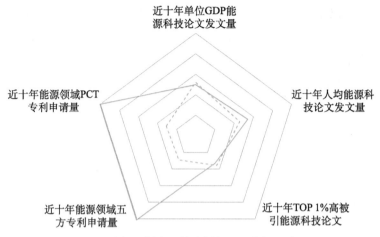

图 4-28　日本知识创造、技术创新三级指标得分雷达图

图中蓝色实线为日本各指标得分，绿色虚线为 G20 国家各指标平均得分

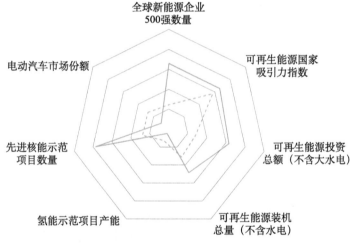

图 4-29　日本产业培育三级指标得分雷达图

图中蓝色实线为日本各指标得分，绿色虚线为 G20 国家各指标平均得分

4. 创新成效

由于缺少重要的自然资源，日本高度依赖能源和原材料进口。在经历石油危机后，日本采取由政府主导的能源转型，多次调整并推行节能、低碳等国家能源政策和战略，供应结构趋于多样化，新能源、可再生能源比例不断增加，核电发电结构不断提升，能源利用效率显著提高，经济结构亦不断优化，第三

产业占比达 70% 以上。尽管如此，日本在清洁发展、低碳发展、安全发展上仍表现出明显不足。

清洁发展指标处在中游水平，如图 4-30 所示。日本人均可再生能源发电量、非化石能源发电量占比表现均一般，空气污染致死率并没有得到有效改善。

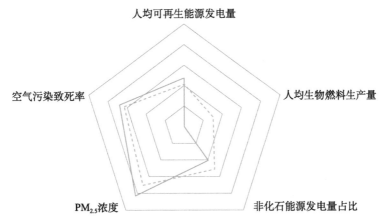

图 4-30　日本清洁发展三级指标得分雷达图

图中蓝色实线为日本各指标得分，绿色虚线为 G20 国家各指标平均得分

低碳发展指标表现相对靠后，如图 4-31 所示。日本除单位 GDP 能源相关二氧化碳强度居于中游水平，其他指标表现都相对较差，低于 G20 国家平均水平。

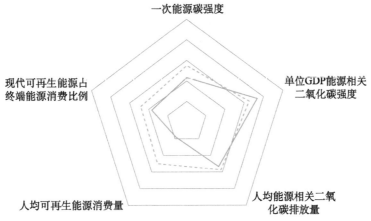

图 4-31　日本低碳发展三级指标得分雷达图

图中蓝色实线为日本各指标得分，绿色虚线为 G20 国家各指标平均得分

安全发展指标表现较差，落后于其他 G20 国家，如图 4-32 所示。日本是仅次于印度、韩国的燃料进口大国，能源进口依存度明显高于其他国家，煤

炭、石油、天然气均接近100%。日本一次能源中原油供应结构较高，电力供应结构中可再生能源、核电等比重较小。

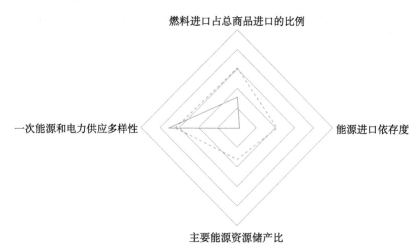

图 4-32　日本安全发展三级指标得分雷达图

图中蓝色实线为日本各指标得分，绿色虚线为 G20 国家各指标平均得分

　　高效发展指标是日本创新成效维度的唯一亮点，居于前列，但较美国、德国、英国、法国、韩国等国家仍存在不少差距，如图 4-33 所示。日本一直致力于推动富有成效的节能和能源高效利用，能源强度得到显著改善，领先于北美、亚太地区，与欧盟水平相当。受福岛核事故影响，日本核电容量因子、电力装机容量利用率均表现不佳。在输配电损耗上，日本一直保持着较高的输配电效率，损耗极低，仅次于韩国和德国。

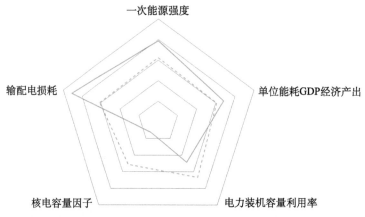

图 4-33　日本高效发展三级指标得分雷达图

图中蓝色实线为日本各指标得分，绿色虚线为 G20 国家各指标平均得分

一、国家概况

英国位于欧洲西部，面积为 24.41 万平方千米，截至 2020 年人口为 0.67 亿[①]，人均 GDP 为 41 059.17 美元（2020 年现价美元）[②]。英国是仅次于德国的欧洲第二大经济体，产业结构以服务业为主[③]，过去 30 年其能源消费增长幅度较小，GDP 增长了近一倍，而碳排放减少了近 20%，能源强度减少了近 50%，碳强度减少了近 60%，主要是因为燃煤退出、能源效率改善、能源密集度高的产业占比降低以及减排技术的提升。英国正式"脱欧"，不但使其未来经济发展前景蒙上了阴影，也给能源发展带来新的不确定性，可能影响其未来能源供给消费格局、清洁技术研发、气候应对机制及相关投资活动。

联合国可持续发展目标跟踪调查数据显示，英国 2018 年一次能源强度为 56.83 吨标油 / 百万美元（按 2011 年购买力平价），人均可再生能源消费量为 0.06 吨标油，非化石能源发电量占比达 42.84%[④]。国际能源署统计数据显示，英国 2018 年一次能源碳强度达 2.01 吨二氧化碳 / 吨标油，单位 GDP 能源相关二氧化碳强度为 0.12 千克二氧化碳 / 美元（按 2015 年购买力平价），人均能源相关二氧化碳排放量为 5.3 吨二氧化碳[⑤]。

---

① 英国国家概况 . https://www.fmprc.gov.cn/web/gjhdq_676201/gj_676203/oz_678770/1206_679906/1206x0_679908/[2022-02-11].

② 人均 GDP（现价美元）-United Kingdom. https://data.worldbank.org.cn/indicator/NY.GDP.PCAP.CD?locations=GB[2022-02-11].

③ 英国经济及产业情况 . http://www.mofcom.gov.cn/article/tongjiziliao/sjtj/xyfzgbqk/201905/20190502866379.shtml[2021-12-27].

④ 数据源自 SDG Indicators Database，网址为 https://unstats.un.org/sdgs/dataportal/database.

⑤ 数据源自 Key World Energy Statistics，网址为 https://www.oecd-ilibrary.org/energy/key-world-energy-statistics_22202811.

二、评价结果

英国为能源科技创新先进国，其 ETII 排在第 6 位。英国是世界上最早进行能源领域市场化改革的国家，私有化和市场化给英国能源领域乃至整个社会经济发展不断注入新的活力。在低碳技术研发和应用上，英国一直走在世界前列，这源于其在政策、创新、科研等方面的多管齐下。为实现低碳化能源转型目标，英国大力支持技术创新，鼓励低碳排放企业发展。但在部分基础设施领域，市场短期逐利行为和过于严格的监管可能降低了英国中长期技术和研发创新竞争力。在能源领域的部分重要产业中，英国对本土企业缺乏保护，竞争力和市场地位有所下降。例如，在市场开放过程中，英国在能源等关键领域给予了国外企业同等投资环境和竞争条件，2017 年英国六大能源供应商中仅有一家是本土企业，大部分市场份额被法国、德国企业占据，在对关键基础领域的掌控力和对外依存度上，处于较为被动的地位①。

英国在创新环境维度处于领先的位置，但创新投入、创新产出、创新成效三个维度指标则存在一定不足，如图 4-34 所示。

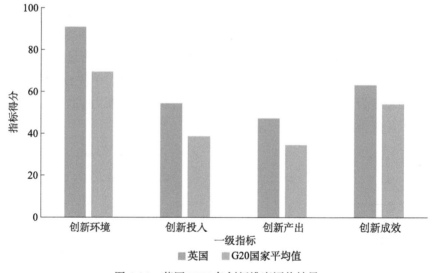

图 4-34　英国 ETII 各创新维度评价结果

英国各项指标大体排在居中靠前的位置，研发环境和清洁发展环境处于领

---

① 元博，杨捷，闫晓卿.英国能源战略——市场力量（世界能源风向）.中国能源报，2019-02-18，第 007 版.

先位置，人力投入、高效发展、碳中和行动及政策环境等指标排名靠前，而基础设施投入、技术创新、安全发展、产业培育等指标显得不足，如图 4-35 所示。

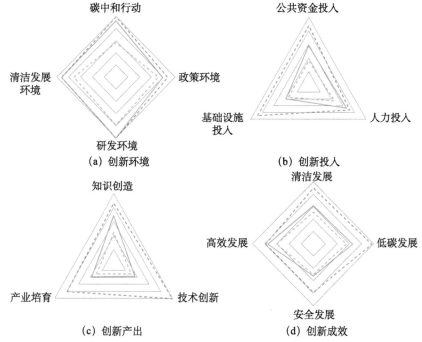

(a) 创新环境　　　　　　(b) 创新投入

(c) 创新产出　　　　　　(d) 创新成效

图 4-35　英国 ETII 二级指标得分雷达图

图中橙色虚线为 G20 国家最大值，绿色虚线为 G20 国家平均值，蓝色实线为英国得分

三、创新维度分析

1. 创新环境

英国有完整的能源和气候政策框架，以确保其在气候变化、电力和天然气改革以及供应安全等方面保持强有力的国际领导地位。

（1）碳中和行动与政策环境

英国中央政府主导总体能源政策与战略[①]，且能源与气候政策总是相互融

---

① Energy Policies of IEA Countries: United Kingdom 2019 Review. https://www.iea.org/reports/energy-policies-of-iea-countries-united-kingdom-2019-review[2021-12-27].

合的，其能源政策主要建立在《2008 年能源法》[①]之上，包含减少温室气体排放以减轻气候变化的危害，确保能源安全和低碳、价格稳定两项长期目标。该项法案在 2010 年、2011 年、2013 年、2016 年进行了 4 次修订。

进入 21 世纪后，英国较早意识到气候变化会引起海洋变暖、冰川融化、海平面上升等危害，提出了"低碳化"能源转型目标，而碳市场是其减排工作推进的核心之一。英国不仅在 2002～2006 年试行世界首个国家碳排放市场交易体系，还引领了欧盟碳排放交易体系的建立。英国是目前少数将减碳目标立法的国家之一，2008 年颁布的《气候变化法》[②]，制定了全世界首个具有约束力的国家法定减排目标。2012～2016 年，英国对能源和气候政策框架实施重大改革，以支持电力部门的供应安全和脱碳。在 2012 年电力市场改革白皮书的基础上，英国在《2013 年能源法》[③]中引入了四种支持低碳发电投资的机制，让低碳电力成为英国未来的能源供应主力，以经济可负担、能源供应安全和环境友好为方向。2013 年，英国政府公布了《英国可再生能源发展路线图》[④]，明确可再生能源领域具有发展潜力的 8 项技术，包含陆上风能、海上风能、海洋能、生物质能、生物质热利用、地源热泵、空气源热泵及可再生能源运输等。2015 年，英国政府宣布到 2025 年将关闭所有没有配备碳捕集和封存的燃煤电厂。2016 年以来，英国调整其能源和气候政策，以努力加强其创新力、生产力和竞争力。这在新的机构治理中得到了体现，能源和气候部门被整合成一个更广泛、新成立的大部制——英国商业、能源与工业战略部（Department for Business, Energy and Industrial Strategy，BEIS）中，主要负责商业与产业政策、能源与气候科学创新等。2017 年，英国发布《清洁增长战略》[⑤]，将减排作为英国工业战略的核心，提出了 8 大类共 50 项既有与新增的政策举措，涵盖经济、交通、商业和工业、住宅、供热、电力、农林业等领域的碳减排目标，且公务

---

① Energy Act 2008. https://www.legislation.gov.uk/ukpga/2008/32/contents [2021-12-27].

② Climate Change Act 2008.https://www.legislation.gov.uk/ukpga/2008/27/contents [2021-12-27].

③ Energy Act 2013. https://www.legislation.gov.uk/ukpga/2013/32/contents[2022-02-11].

④ UK renewable energy roadmap. https://www.gov.uk/government/collections/uk-renewable-energy-roadmap[2021-12-27].

⑤ The Clean Growth Strategy：Leading the way to a low carbon future. https://assets.publishing.service.gov.uk/government/uploads/system/uploads/attachment_data/file/700496/clean-growth-strategy-correction-april-2018.pdf[2021-12-27].

部门率先垂范促进清洁增长。2017 年，英国政府发布《工业战略：建设适应未来的英国》（Industrial Strategy: Building a Britain Fit for the Future）①，提出进一步促进生产力、创新和繁荣，降低英国脱碳政策的成本，并根据下一代技术升级能源基础设施。2019 年 6 月，英国政府修订了《气候变化法》②，成为全球首个立法承诺 2050 年实现净零排放的主要经济体。《气候变化法》涵盖工业、碳捕集和封存、交通、供暖、农业、航空和航运等在内的所有经济领域，旨在通过抢抓绿色经济机遇继续引领全球经济复苏。

为兑现 2050 年净零排放目标，英国政府颁布了"绿色工业革命十点计划"③，制定了十个优先领域净零排放的目标和具体举措，意在推动公共部门和私营部门共筑绿色复苏之路。2020 年 11 月，英国制定了《国家基础设施战略》④，围绕经济复苏、平衡和加强联盟、到 2050 年实现净零排放三个中心目标，阐述了政府改造国家基础设施网络的计划，将在未来五年投资超过 6000 亿英镑。在 2021 年 2 月彭博新能源财经发布的《G20 国家零碳政策记分牌》报告中，英国排第 4 位，仅次于德国、法国和韩国，其主要在化石燃料去碳化上的表现有些不足。

英国天然气和电力市场办公室（Office of Gas and Electricity Markets，OFGEM）是天然气和电力网络的主要监管部门，OFGEM 是非部委政府部门，为欧盟指令认可的独立国家监管局。其核心作用是保护消费者利益，包括减少温室气体排放、确保供应安全、规范天然气和电力供应及零售的竞争市场。英国石油和天然气管理局（Oil and Gas Authority，OGA）负责监管和促进英国石油和天然气行业投资，以最大限度地提高海上油气资源的经济回报效率。同时，英国营商环境持续不断改善，绿色金融环境已展开布局。2013 年，英国成立了全球首家为环境保护设立的绿色投资银行（Green Investment Bank，

---

① Energy Policies of IEA Countries: United Kingdom 2019 Review. https://www.iea.org/reports/energy-policies-of-iea-countries-united-kingdom-2019-review[2021-12-27].

② The Climate Change Act 2008 (2050 Target Amendment) Order 2019. https://www.legislation.gov.uk/uksi/2019/1056/contents/made[2021-12-27].

③ The ten point plan for a green industrial revolution. https://assets.publishing.service.gov.uk/government/uploads/system/uploads/attachment_data/file/936567/10_POINT_PLAN_BOOKLET.pdf[2021-12-27].

④ National Infrastructure Strategy. https://assets.publishing.service.gov.uk/government/uploads/system/uploads/attachment_data/file/938049/NIS_final_web_single_page.pdf[2021-12-27].

GIB），主要投资离岸风电、废弃物回收、能效提高、废弃物能源生产等[1]。英国在"绿色工业革命十点计划"中提出，将打造全球最大的绿色科技和金融中心，为2050年净零经济提供所需的低碳融资。此外，随着英国正式"脱欧"，英国实施了本国的碳排放交易系统机制[2]，并于2021年1月1日正式启动，覆盖了英格兰、苏格兰、威尔士、北爱尔兰四个区域，适用于能源密集型行业、电力、航空，并制定了许可、监控、报告和核查机制。

英国是国际能源创新合作领导者，参加了国际能源署技术合作研究计划、"创新使命"组织的"使命挑战"技术合作研究计划、清洁能源部长级会议以及"欧洲战略能源技术规划""地平线2020"等能源技术创新国际合作。此外，英国政府还启动了国际能源创新基金，资助四个主要领域：与发达国家合作，与发展中国家或针对发展中国家资助的研发合作（通常被归类为海外发展援助），资助承担欧盟基金项目的英国机构，多边国家合作和论坛。

（2）研发环境

英国能源技术研究和创新政策着眼于未来清洁增长产业的发展，并将其作为英国工业战略、《英国清洁增长战略》和英国援助战略的重要组成部分。

英国建立了强有力的能源研发框架，重点关注清洁能源增长和创新。在能源创新委员会（Energy Innovation Board，EIB）的支持下，英国能源科技创新研发政策、项目和资金在政府各机构之间得到了协调。

英国《清洁增长战略》将能源技术和创新置于其脱碳政策的核心，承诺在五年内投资25亿英镑用于低碳创新[3]。英国商业、能源与工业战略部发布的"能源创新计划"（Energy Innovation Program，EIP），旨在21世纪二三十年代加速实现清洁能源创新技术和工艺的商业化，其2015～2021年预算为5.05亿英镑，包括6个主题，用于投资智能系统，建筑环境（能效和供暖），工业碳捕集、利用和封存，核能创新，可再生能源创新，能源企业与绿色融资等。英国政府在2015年加入"创新使命"组织时承诺到2020～2021年将清

---

① UK Green Investment Bank. https://www.greeninvestmentgroup.com/en/who-we-are/our-mission.html[2021-12-27].

② Pre-2020 action by countries.https://unfccc.int/resource/climateaction2020/[2021-12-27].

③ Energy Innovation. https://www.gov.uk/guidance/energy-innovation#beis-energy-innovation-programme[2021-12-27].

洁能源相关研发资金增加一倍，达到每年 4 亿英镑的目标，这与"创新使命"目标相一致。此外，英国国家科研与创新署（UK Research and Innovation, UKRI）[①]最高可提供 12 亿英镑的资金。

此外，自《气候变化法》立法以来，英国政府发布了支持净零排放的一系列研发创新计划。英国国家科研与创新署设立的"工业战略挑战基金"（Industrial Strategy Challenge Fund, ISCF）[②]，其中就在清洁增长、未来出行两大领域资助能源与气候方面的研发创新，清洁增长主要资助工业脱碳（1.75亿英镑）、低成本核能（1800 万英镑）、智能制造（1.47 亿英镑）、能源革命（1.025 亿英镑）、智能可持续塑料包装（1.49 亿英镑）以及建筑（1.7 亿英镑）、粮食生产（9000 万英镑）、基础产业（6600 万英镑）转型八个领域，未来出行主要资助电力革命（8000 万英镑）、未来飞行（1.25 亿英镑）、法拉第电池挑战（3.175 亿英镑）、国家卫星测试设施（1.05 亿英镑）、智能机器人（9300 万英镑）、自动驾驶（2800 万英镑）六个领域，并引导私营部门资金流入。

（3）清洁发展环境

在能效发展上，英国在交通领域、最低能效监管上有所不足。随着国家清洁技术政策的大力支持，英国先进核能、氢能、新能源汽车等创新环境有了较好的改善。在面临大量核电厂退役的形势下，核能已被英国政府视为电力领域减碳与供应的重要选项。英国商业、能源与工业战略部分别在 2016 年、2017年、2019 年设立了支持核能技术创新的三个阶段计划，推动到 2050 年英国核工业在全球模块化反应堆和其他先进反应堆技术中扮演重要角色，以确保英国拥有更加安全、更具弹性的能源系统以及更低碳的排放技术[③]。英国已加入 EV30@30 运动，而且制定了电动汽车 2030 年中长期目标，并提出到 2030年（比原计划提前十年）禁售新的燃油车，到 2035 年禁售混合动力汽车[④]，已

---

① Who we are. https://www.ukri.org/about-us/who-we-are/[2022-02-11].

② Industrial Strategy Challenge Fund. https://www.ukri.org/our-work/our-main-funds/industrial-strategy-challenge-fund/[2021-12-27].

③ Funding for nuclear innovation. https://www.gov.uk/guidance/funding-for-nuclear-innovation[2021-12-27].

④ Consulting on ending the sale of new petrol, diesel and hybrid cars and vans. https://www.gov.uk/government/consultations/consulting-on-ending-the-sale-of-new-petrol-diesel-and-hybrid-cars-and-vans/consulting-on-ending-the-sale-of-new-petrol-diesel-and-hybrid-cars-and-vans[2021-12-27].

成为 G7 国家中首个实现道路运输脱碳化的国家。英国"绿色工业革命十点计划"提出将推动氢能的增长，制定氢能商业模式和收益机制，到 2030 年实现5 吉瓦的低碳氢产能供给，在十年内建设首个完全由氢能供能的城镇，并将予以 2.4 亿英镑的净零氢产业基金以及撬动超过 40 亿英镑的私营部门投资等一系列支持措施。英国核工业协会（Nuclear Industry Association，NIA）2021 年发布《氢能路线图》（Hydrogen Energy Roadmap）[①]，已获得英国核工业委员会（Nuclear Industry Council，NIC）认可，设定了到 2050 年英国核能制氢的目标，即 1/3 的氢能需求（75 太瓦时 / 年）由核能生产。

2. 创新投入

英国创新投入表现居于前列，但较美国和欧洲地区的德国、法国存在一定差距。

在公共资金投入指标上，英国各项指标表现在平均水平之上，如图 4-36所示。其中，清洁能源公共研发经费占比达 97.05%，仅低于德国和法国。

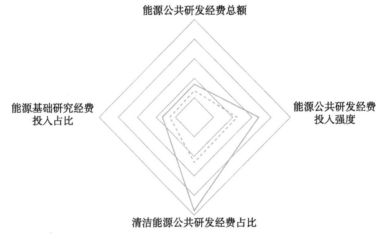

图 4-36　英国公共资金投入三级指标得分雷达图

图中蓝色实线为英国各指标得分，绿色虚线为 G20 国家各指标平均得分

人力投入指标表现靠前，如图 4-37 所示，仅次于德国。2019 年，英国可再生能源从业人员达 11.4 万人，万名就业人员中可再生能源从业人员达 35 人，

---

① UK nuclear industry agrees hydrogen roadmap. https://www.nssguk.com/news/news/uk-nuclear-industry-agrees-hydrogen-roadmap/ [2022-02-11].

是仅次于德国和法国的欧洲第三大就业市场，主要集中在风能领域。2018 年，每百万人 R&D 人员（全时当量）数居于前列。

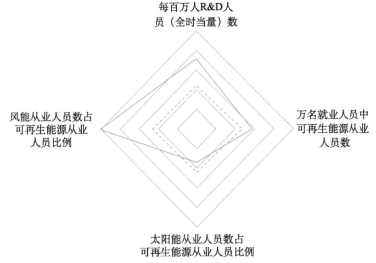

图 4-37　英国人力投入三级指标得分雷达图

图中蓝色实线为英国各指标得分，绿色虚线为 G20 国家各指标平均得分

在基础设施投入指标上，除百万人口公共充电桩拥有量表现良好外，其他指标均显不足，如图 4-38 所示。英国百万人口公共充电桩拥有量仅次于德国、法国，但电动汽车车桩比表现一般；英国加氢站数量达 22 个，与日本、德国领先国家存在不少差距。此外，英国输电网建设和储能投入力度有待继续加强。

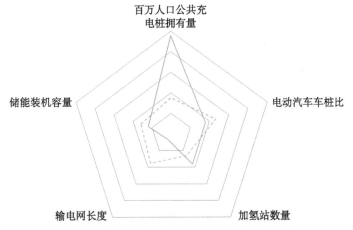

图 4-38　英国基础设施投入三级指标得分雷达图

图中蓝色实线为英国各指标得分，绿色虚线为 G20 国家各指标平均得分

3. 创新产出

英国在能源科技创新产出上处于中等偏上水平。

英国在知识创造指标上表现相对靠前，如图 4-39 所示。英国能源科技论文发文总量与中国、印度、日本等国家相去甚远，但人均、单位 GDP 能源科技论文发文量较高，TOP 1% 高被引能源科技论文仅次于中国和美国。但在技术创新指标上，明显弱于日本、美国、德国等知识产权强国。

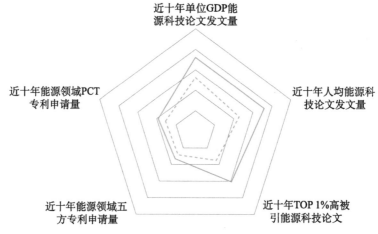

图 4-39　英国知识创造、技术创新三级指标得分雷达图

图中蓝色实线为英国各指标得分，绿色虚线为 G20 国家各指标平均得分

在产业培育指标上，英国各项表现缺乏亮点，处于中游水平，在欧洲国家中落后于德国和法国，如图 4-40 所示。2020 年英国可再生能源国家吸引力指数低于法国、德国。2010 ～ 2019 年英国可再生能源投资总额（不含大水电）居于全球靠前位置，仅次于中国、美国、日本、德国；2019 年英国可再生能源投资总额领先欧洲地区，但较中国、印度、巴西等发展中国家存在较大差距，且较 2018 年有所下降。2020 年英国电动汽车市场份额达 11.28%，仅次于德国、法国。此外，英国氢能示范项目产能、先进核能示范项目数量相对较少。

4. 创新成效

英国在创新成效维度整体表现相对靠前，但不及加拿大、法国、美国、德国等国家，主要在能源安全系统及可再生能源结构上存在短板，这与其设定的 2030 年能源与气候目标相比存在明显差距。

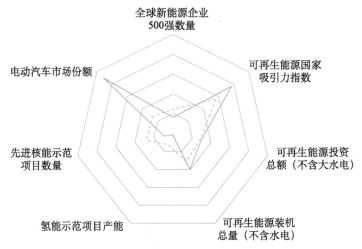

图 4-40 英国产业培育三级指标得分雷达图

图中蓝色实线为英国各指标得分，绿色虚线为 G20 国家各指标平均得分

在清洁发展指标上，英国非化石能源发电量占比居于前列，$PM_{2.5}$ 浓度、空气污染致死率改善情况表现较好，但人均可再生能源发电量、人均生物燃料生产量表现一般，如图 4-41 所示。

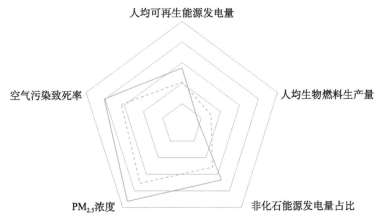

图 4-41 英国清洁发展三级指标得分雷达图

图中蓝色实线为英国各指标得分，绿色虚线为 G20 国家各指标平均得分

在低碳发展指标上，英国一次能源碳强度、单位 GDP 能源相关二氧化碳强度得分均居于前列，但现代可再生能源占终端能源消费比例仍较低，人均可再生能源消费量低于 G20 国家平均值，如图 4-42 所示。

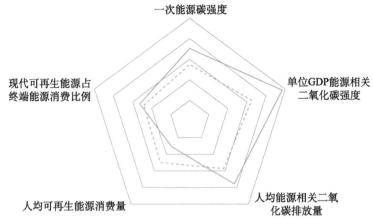

图 4-42　英国低碳发展三级指标得分雷达图

图中蓝色实线为英国各指标得分，绿色虚线为 G20 国家各指标平均得分

安全发展指标则存在明显不足，如图 4-43 所示。尽管英国致力于构建更加稳健的能源安全供应系统，但能源对外依存度仍然较高，与发展中国家相近，且集中在煤炭和天然气。英国一次能源供应多样性表现一般，原油和天然气占比较高。英国电力供应多样性表现居于首位，电力来源种类丰富，其核能、风能、太阳能等清洁电力均得到良好发展。

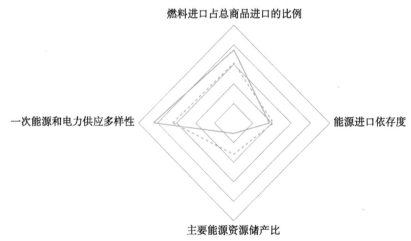

图 4-43　英国安全发展三级指标得分雷达图

图中蓝色实线为英国各指标得分，绿色虚线为 G20 国家各指标平均得分

高效发展指标处于领先位置，英国仅次于德国，如图 4-44 所示。英国是一次能源强度改善最为明显的发达国家。2017 年，英国单位能耗 GDP 经济产出领

先其他国家，这与其多年来将能源效率作为未来能源发展支柱的策略密不可分。近年来，部分核电厂的退役影响英国核能的发展，其核电容量因子表现不佳。

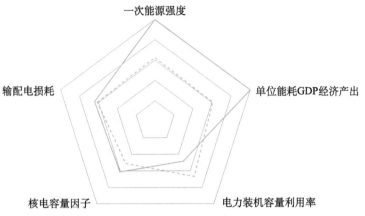

图 4-44　英国高效发展三级指标得分雷达图

图中蓝色实线为英国各指标得分，绿色虚线为 G20 国家各指标平均得分

第五节　法国

一、国家概况

法国位于欧洲西部，面积为 55 万平方千米，人口为 0.65 亿[①]，人均 GDP 为 39 030.36 美元（2020 年现价美元）[②]。法国拥有丰富的海上风力资源、水力资源、森林资源，且拥有世界第二大海洋专属经济区等。尽管法国总体上是能源进口国，但已成为欧洲最大的净电力输出国，约 90% 的电力来自低碳能源，核电占比超过 70%[③]。

---

① 法国国家概况. https://www.fmprc.gov.cn/web/gjhdq_676201/gj_676203/oz_678770/1206_679134/1206x0_679136/[2022-02-12].

② 人均 GDP（现价美元）-France. https://data.worldbank.org.cn/indicator/NY.GDP.PCAP.CD?locations=FR[2022-02-12].

③ World Energy Council. https://trilemma.worldenergy.org/#!/country-profile?country=France&year=2021[2021-12-27].

联合国可持续发展目标跟踪调查数据显示，法国 2018 年一次能源强度为 80.71 吨标油 / 百万美元（按 2011 年购买力平价），人均可再生能源消费量为 0.18 吨标油，非化石能源发电量占比达 90.04%[1]。国际能源署统计数据显示，法国 2018 年一次能源碳强度达 1.23 吨二氧化碳 / 吨标油，单位 GDP 能源相关二氧化碳强度为 0.11 千克二氧化碳 / 美元（按 2015 年购买力平价），人均能源相关二氧化碳排放量为 4.51 吨二氧化碳[2]。

二、评价结果

法国 ETII 处在靠前位置，仅次于美国、德国。法国在能源领域的技术优势显著，有效带动了可再生能源开发和利用，能源结构正从核电一枝独秀向以核电为主、同时注重可再生能源发展的体系转变。法国各创新维度指标均表现良好，其中创新环境、创新成效维度指标优势显著，如图 4-45 所示。

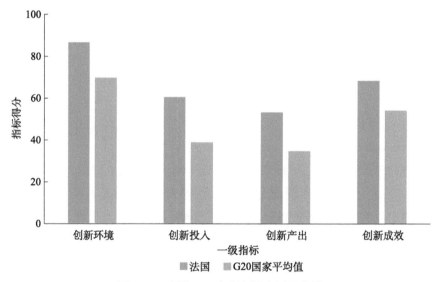

图 4-45　法国 ETII 各创新维度评价结果

---

① 数据源自 SDG Indicators Database，网址为 https://unstats.un.org/sdgs/dataportal/database.

② 数据源自 Key World Energy Statistics，网址为 https://www.oecd-ilibrary.org/energy/key-world-energy-statistics_22202811.

法国在 14 个二级指标中，研发环境、碳中和行动、低碳发展、高效发展等指标排名靠前，清洁发展环境、公共资金投入、基础设施投入、技术创新、产业培育、清洁发展等指标表现突出；政策环境、人力投入、知识创造、安全发展等指标表现有所不足，其中政策环境和安全发展表现低于 G20 国家平均值，如图 4-46 所示。

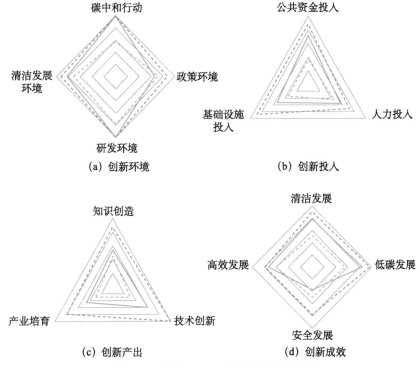

(a) 创新环境   (b) 创新投入

(c) 创新产出   (d) 创新成效

图 4-46 法国 ETII 二级指标得分雷达图

图中橙色虚线为 G20 国家最大值，绿色虚线为 G20 国家平均值，蓝色实线为法国得分

三、创新维度分析

1. 创新环境

（1）碳中和行动与政策环境

法国近年来的能源政策主要是根据 2015 年 8 月公布的《绿色增长能源转

型法》（Loi de transition *énergétique* pour la croissance verte）[①]框架制定的。该法案致力于全面实现 21 世纪的能源转型，明确提出了国家能源生产和消费的中长期目标，通过优化能源结构，建立核电与可再生能源并重的混合电力系统。到 2030 年，将化石燃料消费量减少 30%，可再生和回收能源资源消费量翻五番；与 2012 年相比，到 2050 年终端能源消费减少一半；到 2030 年可再生能源占终端能源消费比例提高到 32%，可再生能源发电量占比达 40%，电动汽车充电站增加到 700 万个，到 2035 年核电占比减少至 50%[②]。

近年来，法国政府越来越意识到全球气候变暖的严重性和极大危害性，对生态环保、能源、可持续发展等给予特殊关注。法国在各种场合试图通过内部和外部努力建成一个"环保大国"，以打造雄厚的生态文明软实力。法国 2015 年颁布的《绿色增长能源转型法》设定了低碳排放目标，力争到 2030 年以实现欧盟提出的较 1990 年减排 40% 温室气体目标，到 2050 年减排 75%。2014 年，法国引入碳税机制，作为欧盟碳排放交易体系的补充政策措施，经磋商将 2020 年碳定价为每吨 44.6 欧元，2023 年碳定价为每吨 100 欧元，作为能源产品消费税的碳组成部分[③]。

为积极响应欧盟长期能源和气候战略，2018 年 11 月，法国公布了《国家低碳战略》（Stratégie Nationale Bas-Carbone，SNBC）[④]，引入了旨在促进低碳经济的"碳预算"工具[⑤]，提出尽最大努力确保力争到 2050 年实现碳中和，并根据欧盟拟议的长期轨迹调整 2030 年气候目标[⑥]。根据欧盟要求，为了实现欧盟制定的能源和气候目标，2019 年 11 月，法国国会通过了《能源与气候法》

———————————

①　Loi de transition énergétique pour la croissance verte. https://www.ecologique-solidaire.gouv.fr/loi-transition-energetique-croissance-verte[2021-12-27].

②　France's Energy Transition for Green Growth Act. https://www.planete-energies.com/en/medias/close/france-s-energy-transition-green-growth-act[2021-12-27].

③　Energy transition.https://www.gouvernement.fr/en/energy-transition[2021-12-27].

④　STRATÉGIE NATIONALE BAS-CARBONE Summary for decision-makers. https://www.ecologie.gouv.fr/sites/default/files/SNBC_SPM_Eng_Final.pdf[2022-02-12].

⑤　Adoption of the national low-carbon strategy for climate. https://www.gouvernement.fr/en/adoption-of-the-national-low-carbon-strategy-for-climate[2021-12-27].

⑥　Draft European Energy and Climate Strategy for carbon neutrality by 2050. https://www.gouvernement.fr/en/draft-european-energy-and-climate-strategy-for-carbon-neutrality-by-2050[2021-12-27].

（Loi énergie-climat）[①]，设定了未来能源和气候政策的框架和目标，将2050年实现碳中和写入了法律。该法案着重涉及四个主要领域：逐步淘汰化石燃料和发展可再生能源；供热控制；引入用于指导、治理和评估气候政策的新工具；电力和天然气监管。在2021年2月彭博新能源财经发布的《G20国家零碳政策记分牌》报告中，法国排第2位，仅次于德国，化石燃料去碳化表现相对较弱。

法国生态转型与团结部（Ministère de la Transition écologique et solidaire）是国家能源主管部门。为了实现《绿色增长能源转型法》设定的长期目标，法国生态转型与团结部在2016年底提出了第一次"能源多年期计划"[②]，确定了2016～2018年和2019～2023年两期计划目标与行动路线，包括能源供需和可再生能源发展两方面，并设计了宽松和严格两套方案。2018年11月，法国政府公布了第二次"能源多年期计划"，修订了2019～2023年计划目标并提出了2024～2028年的规划，提出未来十年在能源政策和生态转型方面要遵循的路线，其中两个主要目标为减少化石燃料消耗以及确保实现清晰、公平和可持续的转型发展[③]。该计划重申减少能源消耗的承诺，特别是化石燃料，继续推广可再生能源，提出到2028年化石燃料消耗比2012年减少35%，可再生能源发电量翻倍，以构建更高效、更节能、更多样、更具弹性的能源系统[④]。该计划结束时（到2028年），能源领域年支出将从50亿欧元增加到80亿欧元，总计710亿欧元，重点支持可再生能源（电力、沼气、可再生热能）的发展。为消除新冠肺炎疫情对国内经济造成的严重影响（第二次世界大战以来最严重的经济衰退[⑤]），法国政府在2020年9月正式公布"法国复苏"计划[⑥]，促使经

---

① LOI n° 2019-1147 du 8 novembre 2019 relative à l'énergie et au climat (1). https://www.legifrance.gouv.fr/affichTexte.do?cidTexte=JORFTEXT000039355955&dateTexte=20200216[2021-12-27].

② Programmations pluriannuelles de l'énergie (PPE). https://www.ecologique-solidaire.gouv.fr/programmations-pluriannuelles-lenergie-ppe[2021-12-27].

③ Multiannual Energy Programme: its aims. https://www.gouvernement.fr/en/multiannual-energy-programme-its-aims[2021-12-27].

④ The Multiannual Energy Plan. https://www.gouvernement.fr/sites/default/files/locale/piece-jointe/2019/01/11_france_multiannual_energy_plan.pdf[2021-12-27].

⑤ France unveils €100 billion economy 'reboot' rescue plan. https://www.france24.com/en/20200903-live-france-unveils-%E2%82%AC100-billion-economy-rescue-plan[2021-12-27].

⑥ France Relance. https://www.economie.gouv.fr/files/files/directions_services/plan-de-relance/annexe-fiche-mesures.pdf[2021-12-27].

济在两年内恢复到疫情前的水平，并到 2030 年构建强大的法国。该计划是法国经济社会和生态改革的路线图，提出了三大优先事项：生态转型、提升竞争力与社会团结，其中生态转型目标是在 2050 年实现碳中和，成为欧洲第一个主要的低碳经济体。为此，法国将投入 300 亿欧元资金支持生态转型发展，推动经济、生产、交通、基建及国内消费等领域实现绿色与可持续转型，以有效降低温室气体排放，支持农业转型、循环经济与生物多样性，并高度重视环保领域的研究与创新。

法国能源监管委员会（Commission de Régulation de l'Energie，CRE）是能源发展的主要监管机构，确保电力和天然气市场顺利运行，以保障消费者合法权益。法国营商环境居于全球前列，但与大部分高收入国家相比仍存在一定差距，能源领域绿色金融布局有待进一步完善。"法国复苏"计划提出，将通过国家投资银行（Bpifrance）筹集近 25 亿欧元的直接融资，以支持企业的能源与生态转型。

法国是能源国际合作的支持者，参与了"创新使命"组织的 8 项"使命挑战"技术合作研究计划，以及国际能源署 37 项技术合作研究计划中的 22 项，重点是智能电网、可再生能源、能源建模、节能设备和建筑等。法国还参加了与聚变能有关的所有技术合作研究计划，并且是国际热核聚变实验反应堆（International Thermonuclear Experimental Reactor，ITER）的所在地，这是规模仅次于国际空间站的国际大科学工程计划。

（2）研发环境

法国有较为系统的能源公共资金资助体系。法国能源科技公共研发经费主要在政府部门的监管下分配给了国家研究署（Agence Nationale de la Recherche，ANR）、环境与能源管理署（Agence de la transition écologique，ADEME）、原子能和替代能源委员会（Commissariat à l'énergie atomique et aux énergies alternatives，CEA）、国家投资银行等。法国政府通过国家研究署为能源科技研发示范活动提供资金，并促进公共研究机构与工业企业之间的合作，重点关注新型能源技术研究，包括可再生能源、碳捕集、储能、能源网络、氢能和燃料电池等。

根据《绿色增长能源转型法》的要求，法国生态转型与团结部于 2016 年

12月公布了《国家能源研究战略》[①]，该战略基于《国家低碳战略》和"能源多年期计划"目标，确定了不同时间段和能源领域创新链中将面临的研发挑战和需要克服的科学障碍，提出了四个战略方向及相关行动建议，主要包括以能源转型为主题，促进地区和工业能源网络相关研发和创新，通过研发创新开发技能和知识，建立简单高效的治理体系，以实现对国家战略的动态管理。法国环境与能源管理署管理一系列示范基金，致力于推动工业开发，重点关注可再生能源、供热、废弃物、能效、储能和智能电网。"未来投资计划"[②]是法国加快新能源技术创新部署的关键计划，侧重于最接近市场实施的创新链阶段，其融资计划还包括非能源领域的技术耦合。"法国复苏"计划[③]提出，将通过第四期"未来投资计划"[④]支持能源技术创新，包括无碳能源、循环技术、可持续交通和出行等。法国国家投资银行联合法国金融机构支持中小企业的发展，为创新能源技术研发提供资助。

法国能源科技创新体系的执行主体包括国立和私营科研机构、企业和高校。其中，国立科研机构占显著地位，政府根据国民经济建设的需要，建立健全了覆盖基础研究、应用研究、技术开发等各阶段的各类国立科研机构，包括国家科研中心（Centre national de la recherche scientifique，CNRS）、原子能和替代能源委员会、国家石油与新能源研究院（IFP Energies nouvelles，IFPEN）等。企业是法国研发活动的主体，研发力量高度集中于法国电力集团（Electricite De France，EDF）、法国天然气苏伊士集团（Engie）和阿海珐集团（Areva）等少数大型企业。为了支持能源科技领域的创新活动，促进公共与私营部门之间的合作，推动科研成果的转移转化，法国生态转型与团结部和法国高等教育、科研与创新部在2009年共同宣布组建国家能源研究协调联盟

---

① Stratégie Nationale de la Recherche Energétiqu. https://www.ecologie.gouv.fr/sites/default/files/SNRE%20vf%20d%C3%A9c%202016.pdf[2021-12-27].

② Le Programme d'investissements d'avenir. https://www.gouvernement.fr/le-programme-d-investissements-d-avenir[2021-12-27].

③ France Relance. https://www.economie.gouv.fr/files/files/directions_services/plan-de-relance/annexe-fiche-mesures.pdf[2021-12-27].

④ 4ÈME Programme d'investissement d'avenir (PIA)：Dotation de 20 MD €. https://www.entreprises.gouv.fr/fr/actualites/france-relance/4eme-programme-d-investissement-d-avenir-pia-dotation-de-20-mdeu[2021-12-27].

（Alliance Nationale de Coordination de la Recherche pour l'Énergie，ANCRE）[①]，其主要任务是：增强能源领域研究机构、大学和企业之间的伙伴关系；确定限制能源行业发展的科学和技术障碍；提出能源研究和创新计划及其实施方式；提出国家能源研究战略及资助规划的建议[②]。国家能源研究协调联盟还通过出台专门的方案和路线图为国家能源研发战略做出贡献，法国环境与能源管理署负责指导路线图的制定工作。

（3）清洁发展环境

根据世界银行2020年发布的"可持续能源监管"指数[③]，法国在可再生能源使用以及交通领域能效监管、最低能效监管上存在一定的不足。为尽快实现《绿色增长能源转型法》目标，法国不断完善核电、氢能、新能源汽车等清洁技术发展的法律法规、规划和监管体系。

2018 年 6 月，法国生态转型与团结部宣布启动"能源转型氢能部署计划"[④]，围绕工业脱碳、可再生能源电力储存和交通部门零碳排放三方面提出了 14 项具体举措及相应的发展目标，计划到 2023 年工业使用脱碳氢的比例达 10%，到 2028 年达 20% ～ 40%，并从 2019 年起每年投入 1 亿欧元以保障氢能战略实施，基于其既有的产业链优势以抢占全球领导地位。2020 年 9 月，法国生态转型与团结部发布《法国发展无碳氢能的国家战略》[⑤]，计划到 2030 年投入 70 亿欧元发展绿色氢能，促进工业和交通等部门脱碳，助力法国打造更具竞争力的低碳经济，到 2030 年绿氢达到工业氢消费总量的 20% ～ 40%。除了制定了明确的新能源汽车发展计划，2019 年 12 月法国发布的《交通定向

---

① ANCRE. https://www.allianceenergie.fr/[2021-12-27].

② Énergie : recherche et développement. https://www.ecologie.gouv.fr/energie-recherche-et-developpement[2021-12-27].

③ Regulatory Indicators for Sustainable Energy (RISE) 2020: Sustaining the Momentum. https://www.esmap.org/rise_2020_report[2022-02-12].

④ Plan de déploiement de l'hydrogène pour la transition énergétique. https://www.ecologie.gouv.fr/sites/default/files/Plan_deploiement_hydrogene.pdf[2022-02-11].

⑤ Stratégie nationale pour le développement de l'hydrogène décarboné en France. https://www.entreprises.gouv.fr/files/files/secteurs-d-activite/industrie/decarbonation/dp_strategie_nationale_pour_le_developpement_de_l_hydrogene_decarbone_en_france.pdf[2021-12-27].

法》（Loi d'Orientation des Mobilités）[①] 还提出，从 2040 年起将逐步停止销售内燃机汽车。

2. 创新投入

近年来，法国积极寻求新能源技术替代以降低核电比例，愈加重视能源技术研发创新、人力、基础设施投入，创新投入整体表现居于前列。

公共资金投入指标优势明显，如图 4-47 所示。2018 年，法国能源公共研发经费总额达 13.3 亿美元（增长 3%），仅次于中国、美国、日本，清洁能源公共研发经费占比超过 97%，仅次于德国。法国每千美元 GDP 的能源研发投入强度达 0.5，仅次于日本和中国。

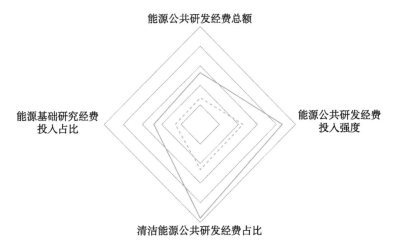

图 4-47　法国公共资金投入三级指标得分雷达图

图中蓝色实线为法国各指标得分，绿色虚线为 G20 国家各指标平均得分

在人力投入指标上，法国表现处于中游水平，如图 4-48 所示。具体来看，2018 年法国每百万人 R&D 人员（全时当量）数仅次于韩国、日本、德国。但在可再生能源就业上，2019 年法国万名就业人员中可再生能源从业人员数、风能从业人员数占可再生能源从业人员比例、太阳能从业人员数占可再生能源从业人员比例均表现一般。

① 　LOI n° 2019-1428 du 24 décembre 2019 d'orientation des mobilités (1). https://www.legifrance.gouv.fr/loda/id/JORFTEXT000039666574/[2021-12-27].

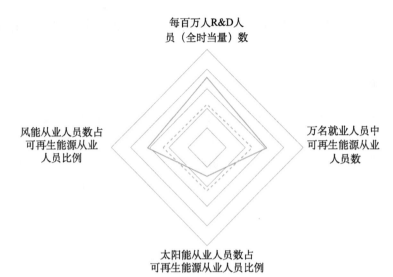

图 4-48　法国人力投入三级指标得分雷达图

图中蓝色实线为法国各指标得分，绿色虚线为 G20 国家各指标平均得分

在基础设施投入指标上，法国居于前列，仅次于中国、日本、美国、德国，如图 4-49 所示。2019 年法国百万人口公共充电桩拥有量仅次于德国，而其他指标投入力度处于中等偏上水平。

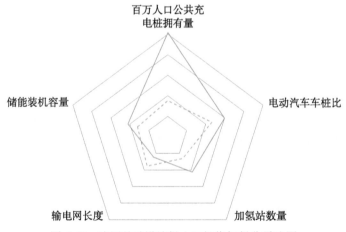

图 4-49　法国基础设施投入三级指标得分雷达图

图中蓝色实线为法国各指标得分，绿色虚线为 G20 国家各指标平均得分

3. 创新产出

法国在创新产出维度整体表现靠前，技术专利和产业培育具备一定的规模。

法国知识创造指标居于中游水平，如图 4-50 所示。其中，单位 GDP 能源科技论文发量和人均能源科技论文发文量不高；但技术创新指标具有一定优势，能源领域五方专利申请量、能源领域 PCT 专利申请量排名靠前。

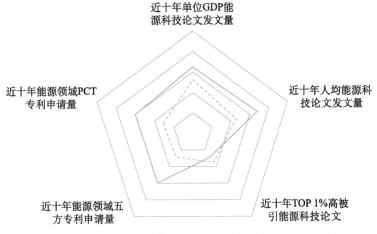

图 4-50　法国知识创造、技术创新三级指标得分雷达图

图中蓝色实线为法国各指标得分，绿色虚线为 G20 国家各指标平均得分

法国产业培育指标表现良好，如图 4-51 所示，排名仅次于美国、中国、日本、德国。2020 年，法国氢能示范项目产能仅低于美国、加拿大，明显高于其他国家；法国是核电大国，先进核能示范项目达 6 项。2020 年，法国有 12 家企业入围"全球新能源企业 500 强"。2020 年，法国电动汽车市场份额达 11.32%，仅次于德国，增长显著。其他指标居于中游水平。

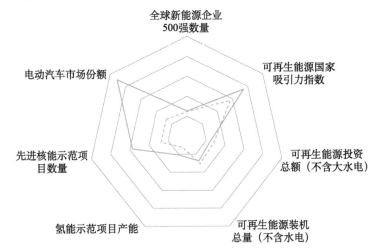

图 4-51　法国产业培育三级指标得分雷达图

图中蓝色实线为法国各指标得分，绿色虚线为 G20 国家各指标平均得分

4. 创新成效

法国在创新成效上表现突出，仅次于巴西、加拿大。限于其能源资源的短缺，能源安全发展体系尚不健全，但在清洁发展、低碳发展、高效发展方面均有优异表现。

法国清洁发展指标表现良好，如图 4-52 所示，排名仅次于加拿大、巴西、美国。核电在法国电力结构中占据主要地位，非化石能源发电量占比达 90%，居 G20 国家首位；人均可再生能源发电量相对一般。$PM_{2.5}$ 浓度改善情况较好，但空气污染致死率有所回升。

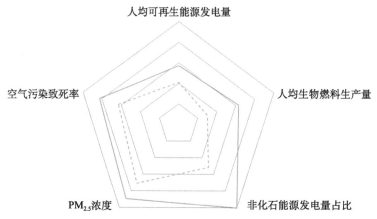

图 4-52　法国清洁发展三级指标得分雷达图

图中蓝色实线为法国各指标得分，绿色虚线为 G20 国家各指标平均得分

低碳发展指标表现强劲，如图 4-53 所示。得益于其电力结构，法国一次能源碳强度及单位 GDP 能源相关二氧化碳强度均最低，居 G20 国家首位。法国人均能源相关二氧化碳排放量改善明显，但现代可再生能源占终端能源消费比例还有待进一步提升。

安全发展指标处于落后位置，如图 4-54 所示。法国主要能源资源匮乏，石油、煤炭、天然气三大化石能源对外依赖严重，且其一次能源和电力供应多样性较低，供应结构相对单一。

高效发展指标整体表现较好，如图 4-55 所示，排名仅次于德国、英国。法国各项指标均高于 G20 国家平均值，但亮点不足，各方面得分较为均衡。

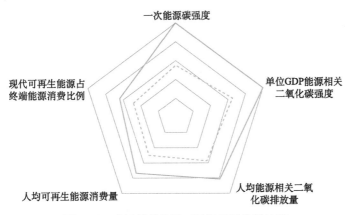

图 4-53　法国低碳发展三级指标得分雷达图

图中蓝色实线为法国各指标得分，绿色虚线为G20国家各指标平均得分

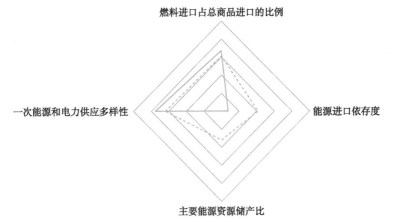

图 4-54　法国安全发展三级指标得分雷达图

图中蓝色实线为法国各指标得分，绿色虚线为G20国家各指标半均得分

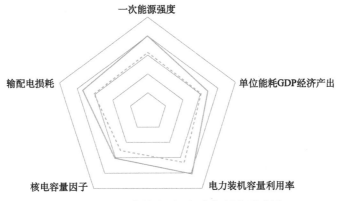

图 4-55　法国高效发展三级指标得分雷达图

图中蓝色实线为法国各指标得分，绿色虚线为G20国家各指标平均得分

第六节 加拿大

一、国家概况

加拿大位于北美洲北部，面积为 998 万平方千米，截至 2021 年 6 月人口约 0.38 亿[①]，人均 GDP 为 43 294.65 美元（2020 年现价美元）[②]。加拿大拥有丰富的油气资源，目前是世界第五大天然气生产国、第六大原油生产国、第三大水力生产国和第十大可再生能源发电商，在世界能源系统中占有重要地位[③]。同时，加拿大拥有较为清洁的发电结构，水电资源约占总电力供应的 60%[④]。

联合国可持续发展目标跟踪调查数据显示，加拿大 2018 年一次能源强度为 164.06 吨标油 / 百万美元（按 2011 年购买力平价），人均可再生能源消费量为 0.29 吨标油，非化石能源发电量占比达 80.06%[⑤]。国际能源署统计数据显示，加拿大 2018 年一次能源碳强度达 1.9 吨二氧化碳 / 吨标油，单位 GDP 能源相关二氧化碳强度为 0.33 千克二氧化碳 / 美元（按 2015 年购买力平价），人均能源相关二氧化碳排放量为 15.25 吨二氧化碳[⑥]。

二、评价结果

加拿大 ETII 评价总体结果处于中上游水平，较美国、德国等发达国家有

---

① 加拿大国家概况. https://www.fmprc.gov.cn/web/gjhdq_676201/gj_676203/bmz_679954/1206_680426/1206x0_680428/[2022-02-13].

② 人均 GDP（现价美元）-Canada. https://data.worldbank.org.cn/indicator/NY.GDP.PCAP.CD?locations=CA[2022-02-13].

③ 加拿大能源困局与政策走向. http://ex.cssn.cn/zx/bwyc/202007/t20200713_5154235.shtml[2021-12-27].

④ Country Nuclear Power Profiles 2019 Edition. https://www-pub.iaea.org/MTCD/publications/PDF/cnpp2019/countryprofiles/Canada/Canada.htm[2021-12-27].

⑤ 数据源自 SDG Indicators Database，网址为 https://unstats.un.org/sdgs/dataportal/database.

⑥ 数据源自 Key World Energy Statistics，网址为 https://www.oecd-ilibrary.org/energy/key-world-energy-statistics_22202811.

一定的差距。加拿大拥有丰富的资源，受益于页岩气革命、能源领域投资、多样化电力结构，以及稳定且更具弹性的能源系统，成为能源安全发展领域的全球领导者。其一系列产业培育和技术创新政策，营造了良好的清洁发展环境，使能源转型与经济增长之间实现了平衡发展。加拿大通过能源领域的绿色基础设施投资，加快推进清洁技术创新，持续推动能源行业的低碳转型。

加拿大各项维度指标排名均相对靠前，其中创新成效仅次于巴西，创新环境排在英国、德国、法国之后，如图 4-56 所示。

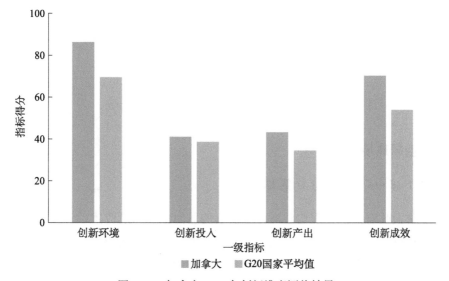

图 4-56　加拿大 ETII 各创新维度评价结果

加拿大在 14 个二级指标中，研发环境、清洁发展处于领先位置，安全发展、知识创造等指标表现突出，政策环境、碳中和行动、产业培育等指标具有一定优势，但人力投入、基础设施投入、技术创新、高效发展等指标表现不足，如图 4-57 所示。

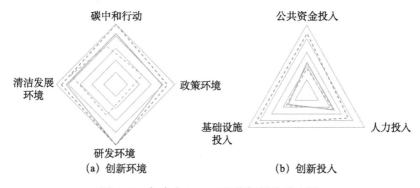

图 4-57　加拿大 ETII 二级指标得分雷达图

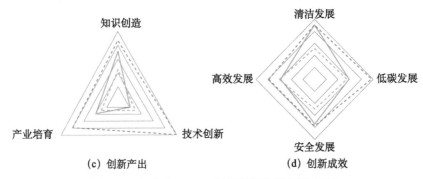

(c) 创新产出　　　　　　　　(d) 创新成效

图 4-57　加拿大 ETII 二级指标得分雷达图（续）

图中橙色虚线为 G20 国家最大值，绿色虚线为 G20 国家平均值，蓝色实线为加拿大得分

三、创新维度分析

1. 创新环境

（1）碳中和行动与政策环境

加拿大政府力求实现构建对环境负责的能源生产和消费体系，同时确保经济增长和竞争力。目前，加拿大能源政策主要向三个方面倾斜：促进可再生能源和无排放电力生产，鼓励提高能源效率，开发应用更清洁的化石燃料和替代品[①]。

2016 年 12 月，加拿大发布了《泛加拿大清洁增长与气候变化框架》[②]，该框架包含横跨该国全境和各经济部门的 50 多项行动计划，旨在为地方制定能源与气候政策提供指南和参考，通过加强技术开发推动能源创新和经济增长，以确保在全球低碳经济中保持竞争力。此外，加拿大充分结合各省、地区的资源优势因势利导，水电资源丰富的魁北克省和曼尼托巴省已拥有较为清洁的电力系统，且正在致力于增加电气化的机会，如交通运输领域；艾伯塔省和萨斯喀彻温省水资源匮乏，但化石燃料丰富，其能源体系更加依赖碳氢化合物。目

---

① Country Nuclear Power Profiles 2019 Edition. https://www-pub.iaea.org/MTCD/Publications/PDF/cnpp2019/countryprofiles/Canada/Canada.htm[2021-12-27].

② Pan-Canadian Framework on Clean Growth and Climate Change. https://www.canada.ca/en/services/environment/weather/climatechange/pan-canadian-framework.html[2021-12-27].

前，加拿大各省都据此制定了符合自身需要的气候和能源战略，包括艾伯塔省的气候领导计划、萨斯喀彻温省的气候变化战略、曼尼托巴省的气候与绿色计划、安大略省的减缓气候变化和低碳经济法、魁北克省的 2018～2023 年总体规划，以及西北地区 2030 年能源战略等[①]。

加拿大宪法明确规定了中央政府和省一级政府在能源方面的责任。因此，加拿大制定能源政策主要遵循以下原则：尊重司法权和各省、各地区的作用；以市场为导向，确保构建有效的具有竞争性、创新性的能源系统，以响应加拿大的能源需求；针对性干预，通过政府监管或其他机制，及时弥补市场缺位。各省以基本自主的方式制定自身能源政策，且对其境内自然资源和电力具有宪法管辖权；中央政府对能源市场的管理主要体现在其对跨省和国际贸易与商业活动（包括外国投资）、国际条约制定、税收以及近海和边境地区能源开发的管辖。在这种制度下，加拿大的法律法规体系对能源问题的管辖较为分散。国家与省之间往往存在利益分歧和冲突，政策协调难度较大，这也是加拿大缺乏统一的国家能源战略、能源发展桎梏难以有效解决的根本原因。因此，这种分割的国家与地方层面的能源政策体系，亦成为其能源发展的重要制约因素。

从温室气体减排压力看，尽管自 2000 年以来加拿大温室气体排放呈现下降趋势，但由于化石燃料排放占总排放的 80% 以上，加拿大面临进一步减排压力。在各省和地区已采取措施的基础上，《泛加拿大清洁增长与气候变化框架》提出了加拿大 2030 年减排承诺及其长期低排放发展战略、对碳污染定价的泛加拿大方法以及各经济部门减排措施。为支持该框架，加拿大政府设立了 20 亿美元"低碳经济基金"（Low Carbon Economy Fund，LCEF）[②]，以履行减少温室气体排放的承诺。2020 年 11 月，加拿大政府颁布了《加拿大净零排放责任法》（Canadian Net-Zero Emissions Accountability Act）[③]，通过立法制定2050 年净零排放路径。该法案设定滚动的五年减排目标，要求制定计划以实

① 加拿大能源困局与政策走向. http://ex.cssn.cn/zx/bwyc/202007/t20200713_5154235.shtml [2021-12-27].

② What is the Low Carbon Economy Fund? https://www.canada.ca/en/environment-climate-change/services/climate-change/low-carbon-economy-fund/what-is-lcef.html[2021-12-27].

③ Government of Canada charts course for clean growth by introducing bill to legislate net-zero emissions by 2050. https://www.canada.ca/en/environment-climate-change/news/2020/11/government-of-canada-charts-course-for-clean-growth-by-introducing-bill-to-legislate-net-zero-emissions-by-2050.html[2021-12-27].

现每个目标并报告进度，并成立了一个独立决策咨询机构。加拿大许多省市已经做出了到 2050 年实现净零排放的承诺，包括温哥华、多伦多、魁北克省等。爱德华王子岛承诺到 2040 年实现温室气体净零排放，新斯科舍省和不列颠哥伦比亚省制定或计划实施 2050 年净零排放立法。在 2021 年 2 月彭博新能源财经发布的《G20 国家零碳政策记分牌》报告中，加拿大排第 7 位，主要是建筑部门表现不足。

在能源法律和监管体系上，2019 年加拿大政府修订了《能源管理法》[1]，进一步明确了石油和天然气相关规定，并提出成立独立的能源监管机构，确保国家管辖范围内的油气管道、电力线路和海上可再生能源项目等以安全可靠的方式建造、运营和退役。因此，加拿大成立了能源监管局[2]，保障全国范围内的能源（石油、天然气等）运输安全，审查能源开发项目并共享能源信息，同时执行世界上最严格的安全和环境标准，并承担了能源相关统计与研究咨询职能。此外，加拿大政府还颁布了《能源效率条例》（Energy Efficiency Regulations）、《能源监管条例》（Energy Monitoring Regulations）、《石油与天然气运营法》（Canada Oil and Gas Operations Act）等相关规章。

加拿大积极参与国际能源合作，参与了国际能源署 37 项技术合作研究计划中的 24 项，以及"创新使命"组织的 8 项"使命挑战"技术合作研究计划。此外，加拿大营商环境仍然保持较高水平，但近年来营商环境持续下降，研究同时绿色金融环境有待进一步提升。

（2）研发环境

加拿大在能源创新方面的投资是构建清洁发展经济体系的重要组成部分[3]。加拿大资助、赠款和激励计划是中央政府直接管理的项目，以鼓励能源研究、开发和示范活动，主要包括"能源创新计划"（Energy Innovation Program，EIP）、"清洁增长计划"（Clean Growth Program，CGP）、"电动汽车基础设施示范计划"（Electric Vehicle Infrastructure Demonstrations，EVID）、

---

① Canadian Energy Regulator Act.https://laws-lois.justice.gc.ca/eng/acts/C-15.1/page-1.html[2021-12-27].

② Canada Energy Regulator (CER).https://www.cer-rec.gc.ca/en/index.html[2021-12-27].

③ Funding, Grants and Incentives. https://www.nrcan.gc.ca/science-data/funding-partnerships/funding-opportunities/funding-grants-incentives/4943[2021-12-27].

"溢油应急响应科学计划"（Oil Spill Response Science，OSRS）、"油气清洁技术计划"（Oil and Gas Clean Technologies，OGCT）、"绿色基础设施计划"（Green Infrastructure，GI）、"生态能源创新倡议"（ECO-ENERGY Innovation Initiative，ecoEII）、"清洁能源基金"（Clean Energy Fund，CEF）等。其中，"能源创新计划"致力于开发可再生能源、智能电网和储能系统，减少北部和偏远地区工业对柴油的使用，减少甲烷和挥发性有机化合物排放，减少建筑部门温室气体排放，开发碳捕集、利用和封存，以及提高工业效率等。

作为能源主管部门，加拿大自然资源部（Natural Resources Canada）负责制定能源研究计划[①]，包括油砂科学研究、管道材料研究、可再生能源、煤炭以及碳捕集与封存、建筑创新、住宅节能技术、工业能源系统创新、运输和替代燃料能源效率研究等。此外，"能源研究与开发计划"（Program of Energy Research and Development，PERD）是自然资源部管理的跨部门计划，旨在确保加拿大可持续未来能源研发具有最佳的经济和环境利益[②]。

自然资源部能源研究与开发办公室[③]是加拿大能源研究与开发的协调资助机构，主要在六个领域优先支持研发示范活动，具体为石油和天然气、清洁发电、清洁能源交通、建筑和社区清洁能源系统、工业清洁能源系统、可持续生物能源。能源研究与开发办公室负责推进能源创新、清洁增长、电动汽车基础设施示范、绿色基础设施、油气清洁技术、溢油应急科学、能源研究与开发计划。此外，为应对全球能源与气候挑战，加拿大积极推进可再生能源和清洁技术的创新与发展。2016年11月，加拿大政府宣布将在2030年之前逐步淘汰所有传统燃煤发电机组，并承诺投入1亿加元用于智能电网的部署和示范。

（3）清洁发展环境

加拿大一直是世界核能发展的领先国家之一，而且是其当前清洁能源结

---

① Energy research. https://www.nrcan.gc.ca/science-and-data/science-and-research/energy-research/22040[2021-12-27].

② Federal Internal Energy R&D. https://www.nrcan.gc.ca/science-and-data/funding-partnerships/funding-opportunities/funding-grants-incentives/program-energy-research-development/4993[2021-03-22].

③ Office of Energy Research and Development (OERD). https://www.nrcan.gc.ca/science-data/funding-partnerships/funding-opportunities/office-energy-research-development-oerd/5711[2021-12-27].

构的重要组成部分，主要集中在安大略省和新不伦瑞克省。安大略省在 2013 年推出的"长期能源计划"（Long-Term Energy Plan）中承诺将核电保持在该省电力供应的约 50%，新不伦瑞克省的《能源蓝图》（Energy Blueprint）预计核电占比将达 35% 左右。此外，加拿大是世界第二大铀生产国，其铀产量的 85% 出口到全球用于核电 [1]。

2017 年 3 月，加拿大政府发布了"零排放车辆基础设施计划"[2]，规范重型车辆排放标准，各省也纷纷启动清洁能源汽车激励计划，如魁北克省提出了确定零排放车辆标准的法规草案，并设定了到 2020 年投放 10 万辆零排放车辆的目标。同时，加拿大还制定了零排放车辆标准，进一步规范产业技术发展 [3]。

2020 年 12 月，加拿大自然资源部发布了《加拿大氢能战略》（Hydrogen Strategy for Canada）[4]，旨在通过建设氢能基础设施和促进终端应用，使加拿大成为全球主要氢供应国，推进清洁能源转型，并将其作为 2050 年实现净零排放的一部分，同时创造就业机会、发展经济和保护环境。该战略分析了加拿大发展氢能的机遇和挑战，提出了氢能战略愿景和近、中、长期发展路径，并明确将在战略合作、降低投资风险、研发创新等 8 个方面开展 32 项行动。该战略提出，到 2050 年使加拿大成为全球排名前三的清洁氢能强国，构建覆盖全域的氢燃料供给网络，氢能在能源结构中的占比达到 30%，燃料电池汽车超过 500 万辆，创造 35 万个就业岗位 [5]。

此外，加拿大政府还专门拨款用于制定清洁技术数据战略，支持清洁技术创新与产品出口，目标是到 2025 年实现清洁技术行业的出口值增加两倍，使

---

① Nuclear Power in Canada. https://www.world-nuclear.org/information-library/country-profiles/countries-a-f/canada-nuclear-power.aspx[2021-12-27].

② Zero Emission Vehicle Infrastructure Program. https://www.nrcan.gc.ca/energy-efficiency/energy-efficiency-transportation/zero-emission-vehicle-infrastructure-program/21876[2021-12-27].

③ The zero-emission vehicle (ZEV) standard. http://www.environnement.gouv.qc.ca/changementsclimatiques/vze/index-en.htm[2021-12-27].

④ Minister O'Regan Launches Hydrogen Strategy for Canada. https://www.canada.ca/en/natural-resources-canada/news/2020/12/minister-oregan-launches-hydrogen-strategy-for-canada.html[2021-12-27].

⑤ HyDrogen Strategy for Canada. https://www.nrcan.gc.ca/sites/www.nrcan.gc.ca/files/environment/hydrogen/NRCan_Hydrogen-Strategy-Canada-na-en-v3.pdf[2021-12-27].

其成为加拿大五大出口行业之一，平均每年增长 11.4%[①]。

2. 创新投入

加拿大创新投入力度居于中游水平，与美国、日本等发达国家存在较大差距，且明显弱于中国。

在公共资金投入指标上，加拿大处于中间位置，如图 4-58 所示。2019 年加拿大能源公共研发经费总额达 8.7 亿美元（增长了 6.4%），清洁能源公共研发经费占比不到 70%，能源基础研究经费投入占比仅为 1.7%。但加拿大能源公共研发经费投入强度仅次于日本、中国、法国。

图 4-58　加拿大公共资金投入三级指标得分雷达图

图中蓝色实线为加拿大各指标得分，绿色虚线为 G20 国家各指标平均得分

在人力投入指标上，加拿大每百万人 R&D 人员（全时当量）数具有一定优势，但万名就业人员中可再生能源从业人员数较少，且风能从业人员数占可再生能源从业人员比例和太阳能从业人员数占可再生能源从业人员比例较低，如图 4-59 所示。

在基础设施投入指标上，加拿大 2019 年百万人口公共充电桩拥有量排名靠前，但电动汽车车桩比与其规划目标存在不少差距，尤其是配套设施建设较为落后；尽管加拿大较早提出支持氢能发展，但其加氢站数量仅为 5 个；输电网长度仅次于中国、印度、美国；储能装机容量相对于其他发达国家和中国差距明显，如图 4-60 所示。

---

① Report from Canada's Economic Strategy Tables: Clean Technology. https://www.ic.gc.ca/eic/site/098.nsf/eng/00023.html[2021-12-27].

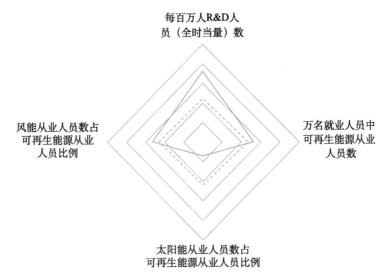

图 4-59　加拿大人力投入三级指标得分雷达图

图中蓝色实线为加拿大各指标得分，绿色虚线为 G20 国家各指标平均得分

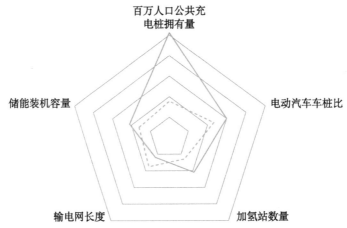

图 4-60　加拿大基础设施投入三级指标得分雷达图

图中蓝色实线为加拿大各指标得分，绿色虚线为 G20 国家各指标平均得分

3. 创新产出

　　加拿大能源创新产出水平高于创新投入，处于中等位置，主要在技术创新产出上表现不足。

　　知识创造指标处于靠前位置，如图 4-61 所示。尽管加拿大能源科技论文总量不多，但其单位 GDP 和人均能源科技论文发文量处于领先位置，仅次于澳大利亚、韩国。技术创新产出居中间位置，加拿大能源领域五方专利申请量、能源领域 PCT 专利申请量均低于 G20 国家平均水平。

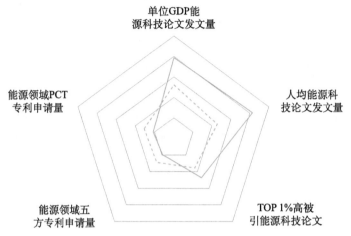

图 4-61 加拿大知识创造、技术创新三级指标得分雷达图

图中蓝色实线为加拿大各指标得分，绿色虚线为 G20 国家各指标平均得分

产业培育指标表现如图 4-62 所示。2020 年，加拿大氢能示范项目产能仅低于美国；但其他指标表现一般，加拿大 2019 年电动汽车市场份额达 4.16%，与德国、法国、英国等国家差距明显。尽管加拿大有较为清洁的能源结构，但可再生能源投资总额（不含大水电）仅有 6 亿美元，与其他国家差距显著，仅高于印度尼西亚、沙特阿拉伯。

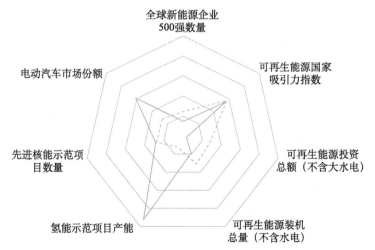

图 4-62 加拿大产业培育三级指标得分雷达图

图中蓝色实线为加拿大各指标得分，绿色虚线为 G20 国家各指标平均得分

4. 创新成效

加拿大能源创新成效指标处于领先位置，仅次于巴西。加拿大是能源资源大国，油气储量丰富，且能源和电力结构多元，新能源和可再生能源开发利用成效明显，因此其清洁发展、安全发展表现突出，但其经济产业结构导致能源依赖比较明显，低碳发展、高效发展相对表现较弱。

清洁发展指标处于领先位置，如图 4-63 所示。加拿大人均可再生能源发电量居于首位，非化石能源发电量占比接近 80%，人均生物燃料生产量排名亦靠前；$PM_{2.5}$ 浓度、空气污染致死率治理情况良好，仅次于澳大利亚。

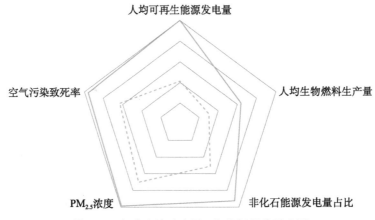

图 4-63　加拿大清洁发展三级指标得分雷达图

图中蓝色实线为加拿大各指标得分，绿色虚线为 G20 国家各指标平均得分

低碳发展指标表现一般，如图 4-64 所示。2018 年，加拿大人均可再生能源消费量处于领先位置，现代可再生能源占终端能源消费比例仅低于巴西；2018 年，加拿大一次能源碳强度得到持续改善，但由于能源密集型产业结构及供热、交通等需求，其人均能源相关二氧化碳排放量及单位 GDP 能源相关二氧化碳强度仍较高。

安全发展指标处于领先位置，仅次于俄罗斯，如图 4-65 所示。加拿大资源丰富，石油已探明储量排在首位，是石油、煤炭、天然气三大化石燃料净出口国。加拿大一次能源供应主要集中在石油、天然气，电力供应结构较为多元。

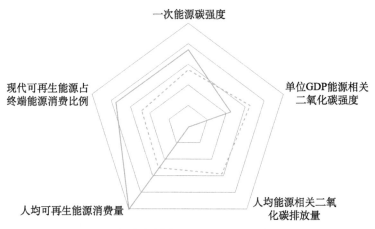

图 4-64 加拿大低碳发展三级指标得分雷达图

图中蓝色实线为加拿大各指标得分，绿色虚线为 G20 国家各指标平均得分

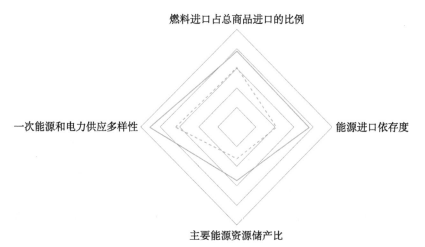

图 4-65 加拿大安全发展三级指标得分雷达图

图中蓝色实线为加拿大各指标得分，绿色虚线为 G20 国家各指标平均得分

高效发展指标整体表现一般，如图 4-66 所示。2018 年，加拿大电力装机容量利用率达 50%，仅次于南非、韩国、印度尼西亚、沙特阿拉伯；2017～2019 年核电容量因子超过 80%，与美国、巴西等存在一定差距。此外，加拿大单位能耗 GDP 经济产出较低，输配电损耗较大。

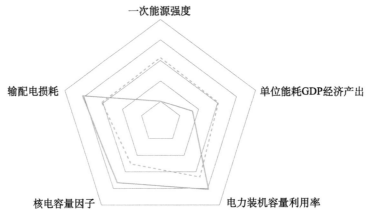

图 4-66　加拿大高效发展三级指标得分雷达图

图中蓝色实线为加拿大各指标得分，绿色虚线为 G20 国家各指标平均得分

第七节　意大利

一、国家概况

意大利位于欧洲南部，面积为 30.13 万平方千米，截至 2021 年人口约 0.59 亿[①]，人均 GDP 为 31 714.22 美元（2020 年现价美元）[②]。作为绿色经济发展先锋的欧洲重要工业国，意大利的能源自给率一直比较低，因此较早寻求绿色和节能转型，成为欧洲最节能的国家之一，其一次能源强度比欧盟平均水平低约 18%[③]。

联合国可持续发展目标跟踪调查数据显示，意大利 2018 年一次能源强度为 58.98 吨标油 / 百万美元（按 2011 年购买力平价），人均可再生能源消费量

---

①　意大利国家概况. https://www.fmprc.gov.cn/web/gjhdq_676201/gj_676203/oz_678770/1206_679882/1206x0_679884/[2022-02-13].

②　人均 GDP（现价美元）-Italy. https://data.worldbank.org.cn/indicator/NY.GDP.PCAP.CD?locations=IT[2022-02-13].

③　Efficienza energetica.https://www.mise.gov.it/index.php/it/energia/efficienza-energetica [2021-12-27].

为0.14吨标油，非化石能源发电量占比达33.68%①。国际能源署统计数据显示，意大利一次能源碳强度达 2.11 吨二氧化碳 / 吨标油，单位 GDP 能源相关二氧化碳强度为 0.14 千克二氧化碳 / 美元（按 2015 年购买力平价），人均能源相关二氧化碳排放量为 5.25 吨二氧化碳②。

二、评价结果

意大利 ETII 处在 G20 国家中游位置。意大利在节能环保与发展可再生能源领域处于领先地位，且特色鲜明，随着意大利可再生能源的蓬勃发展，技术优势迅速积累。但由于能源安全、环境保护、基础设施建设、能源成本等方面的短板，制约了意大利构建安全经济的能源供应体系。

意大利的创新环境、创新投入、创新产出、创新成效四个维度指标均处于中游水平，总体表现较 G7 其他国家差距明显，如图 4-67 所示。

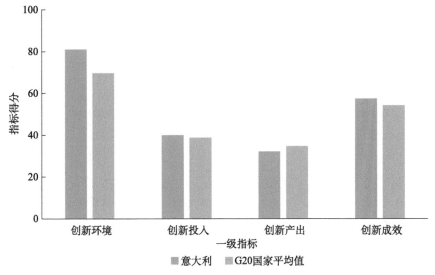

图 4-67 意大利 ETII 各创新维度评价结果

意大利在 14 个二级指标中，低碳发展、碳中和行动等指标表现出较为明显

———————————

① 数据源自 SDG Indicators Database，网址为 https://unstats.un.org/sdgs/dataportal/database.

② 数据源自 Key World Energy Statistics，网址为 https://www.oecd-ilibrary.org/energy/key-world-energy-statistics_22202811.

的优势，大部分指标排名靠后，其中政策环境、人力投入、基础设施投入、技术创新、产业培育、安全发展等指标表现低于 G20 国家平均水平，如图 4-68 所示。

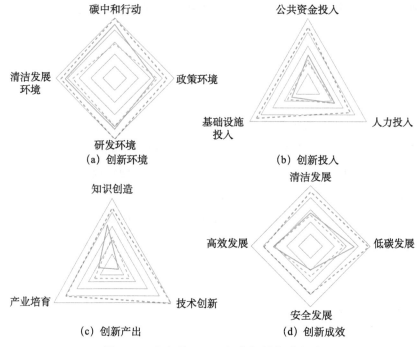

(a) 创新环境　(b) 创新投入

(c) 创新产出　(d) 创新成效

图 4-68　意大利 ETII 二级指标得分雷达图

图中橙色虚线为 G20 国家最大值，绿色虚线为 G20 国家平均值，蓝色实线为意大利得分

三、创新维度分析

1. 创新环境

（1）碳中和行动与政策环境

意大利传统能源资源相对匮乏，境内煤炭和石油资源储量极少，仅有少量水能、地热和天然气等能源资源，远不足以支撑其经济发展，而核能在 1987 年与 2011 年的两次全民公投中又遭到彻底摒弃[①]，其能源自给率一直非常低。

---

① Nuclear Power in Italy. https://www.world-nuclear.org/information-library/country-profiles/countries-g-n/italy.aspx[2021-12-27].

这就导致两大严重后果[①]：首先，经济社会生活的成本过高，意大利零售电价普遍高于欧盟平均水平；其次，能源安全缺乏保障，能源供应频繁受到中东和北非国家政治动荡的冲击。因此，意大利非常重视可再生能源、能源效率和节能，以此作为减少依赖并减轻能源对环境和气候影响的工具。

意大利国家级能源战略颁布较晚，战略中的天然气枢纽地位构建和可再生能源发展成为其能源工业至关重要的两大方向。2013 年，意大利颁布了首个《国家能源战略》[②]，它是近年来意大利能源领域最重要的变革战略。该战略以打造更具竞争力与具有持续性的能源体系为主题，提出了"四个核心目标"和"七个先行领域"，旨在构建安全经济的能源供应体系，为本国经济发展提供动力。其中，四个核心目标主要包括降低与其他欧洲国家的能源价差，减少能耗；实现并超越欧盟气候与能源战略目标；保障能源安全，降低对外依存度；增加能源工业投资力度，实现可持续的经济增长。此外，能源战略的七个先行领域覆盖可再生能源、天然气、电力、基础设施、油气开采、石油炼制、能源效率等方面，并以此作为实现能源战略目标的切入点。

2017 年，意大利经济发展部（Ministero dello Sviluppo Economico，MSE）和环境、陆地海洋保护部（Ministero dell'Ambiente e della Tutela del Territorio e del Mare，MATTM）联合更新了《国家能源战略》[③]，概述了到2030年国家能源发展的重要目标框架，为定义综合性国家能源与气候计划奠定了坚实的基础。该战略主要目标为提高能源竞争力、可持续增长、提高能源安全性。在提高能源竞争力上，旨在缩小能源成本和价格差异，保护能源密集型工业领域竞争力，降低能源消耗，缩小意大利与北欧的天然气成本之间的差距，尤其是意大利的电价与欧盟平均水平之间的差距；在可持续增长上，提出了实现可持续发展和环境目标的措施，借此实现欧盟提出的环境和脱碳目标；在提高能源安全性上，继续改善供应安全以及能源系统和基础设施的灵活性，以及天然气网络和电网的灵活性，提高意大利的能源独立性。该战略提出，到2030年意大利能源总投资增加 1750 亿欧元，其中 300 亿欧元用于天然气和电力网络及基

---

① 值得关注的意大利国家能源新战略. http://world.people.com.cn/n/2015/1109/c157278-27791204.html[2021-12-27].

② Strategia energetica nazionale 2013. https://www.mise.gov.it/index.php/it/per-i-media/pubblicazioni/2029441-strategia-energetica-nazionale-sen[2021-12-27].

③ National Energy Strategy. https://www.mise.gov.it/index.php/en/news/2037432-national-energy-strategy[2021-12-27].

础设施、350 亿欧元用于可再生能源、1100 亿欧元用于能源效率。在能源效率上，到 2030 年将终端能源消费减少 1000 万吨油当量；在可再生能源上，到 2030 年可再生能源占能源消费比例达 28%，占电力需求比例至 55%，交通运输领域占比增加至 21%；与 1990 年相比，到 2030 年碳排放量减少 39%，到 2050 年减少 63%；清洁能源研究和技术开发投资由 2013 年的 2.22 亿美元增加到 2021 年的 4.44 亿美元，以提高能源灵活性和弹性；推动可再生能源的强劲增长，能源对外依存度由 2015 年的 76% 降低到 2030 年的 64%。此外，燃煤发电带来的环境问题引发了民众强烈的抗议，政府顺应民意承诺最晚于 2025 年淘汰煤电。

2019 年，意大利经济发展部，环境、陆地海洋保护部，基础设施和运输部（Ministero delle Infrastrutture e dei Trasporti，MIT）联合发布了"绿色新政"——《2030 年国家综合能源与气候计划》[①]，从脱碳、能源效率、能源安全、内部能源市场、研究创新五个方面，旨在实现更广泛的经济转型愿景。在 2017 年《国家能源战略》的基础上，绿色新政提出到 2030 年将意大利可再生能源在能源消费中的占比提高到 30%（2018 年为 17.8%），其中电力领域占比 55.4%、交通领域占比 21.6%、制热领域占比 33%；实现新能源发电总装机容量 93.194 吉瓦，其中包括 50.88 吉瓦的太阳能和 18.4 吉瓦的风能发电装机；2021～2030 年，年均终端能源消费减少 2016～2018 年平均能耗的 0.8%，相当于每年减少 93 万吨油当量。该计划的主要内容包括[②]：①通过逐步淘汰煤炭发电，促进可再生能源逐步增长的电力结构，从而加速从传统燃料向可再生能源的过渡；②减少温室气体排放，逐步淘汰煤炭，提高二氧化碳价格，加速可再生能源的发展和能源效率提升；③结合使用各种财政、经济、法规和政策等手段来确保能效；④减少对能源进口的依赖，构建多样化供应体系；⑤确保更大程度的市场整合和开发。

根据欧盟目标，意大利多次在国家战略中提出，到 2030 年实现较 2005 年减少 33% 的温室气体排放。2019 年 12 月，欧盟提交了《国家自主贡献》方案，

---

① Energia e Clima 2030. https://www.mise.gov.it/index.php/it/energia/energia-e-clima-2030 [2021-12-27].

② Italy's Integrated National and Energy Climate Plan. https://www.climate-laws.org/ geographies/italy/policies/italy-s-integrated-national-and-energy-climate-plan[2021-12-27].

提出到 2050 年实现碳中和目标[①]。在 2021 年 2 月彭博新能源财经发布的《G20 国家零碳政策记分牌》报告中，意大利排第 6 位，电力部门表现良好，而建筑部门则有所不足。

意大利的能源法律和监管体系包括一系列能源法规、政策等规定，并不存在一个统一的综合法律体制[②]。2004 年，意大利政府对政府部门进行重组，将能源管理职责纳入经济发展部，并将权力下放给各地区，规定中央与地方当局在能源领域的权限分配，在全国范围促进能源效率提升和可再生能源推广，同时明确在油气、电力等方面的监管规则[③]。2014 年，意大利根据欧盟指令颁布《能源效率法令》（Decreto Efficienza Energetica）[④]，成为国家关于能源与气候的主要监管法律，该法令于 2018 年进行了修订[⑤]，将建筑能效纳入其中。意大利能源、网络和环境监管局[⑥] 是根据意大利 1995 年颁布的法律成立的独立机构，其目的是保护消费者利益、促进竞争效率，最初仅限于电力和天然气，后来扩大到废弃物和供热等领域，成为意大利能源领域最大的监管机构。此外，意大利在营商环境和绿色金融环境上表现不佳。

意大利是能源领域国际合作的主要推动者之一，积极参与了国际能源署 37 项技术合作研究计划中的 21 项，以及 "创新使命" 组织的 8 项 "使命挑战" 技术合作研究计划。

---

① Submission by Germany and the European Commission on Behalf of the European Union and its Member States. https://www4.unfccc.int/sites/ndcstaging/PublishedDocuments/Italy%20First/EU_NDC_Submission_December%202020.pdf[2021-12-27].

② Electricity Law and Regulation in Italy. https://cms.law/en/int/expert-guides/cms-expert-guide-to-electricity/italy[2021-12-27].

③ LEGGE 23 agosto 2004, n. 239. https://www.normattiva.it/atto/caricaDettaglioAtto?atto.dataPubblicazioneGazzetta=2004-09-13&atto.codiceRedazionale=004G0259&currentPage=1[2021-12-27].

④ Decreto Legislativo 4 luglio 2014, n. 102. http://www.energia.provincia.tn.it/binary/pat_agenzia_energia/DLgs%20102-2014%20aggiornato%20al%20DLgs%20141-2016.pdf[2021-12-27].

⑤ Risparmio ed efficienza energetica. https://temi.camera.it/leg18/temi/tl18_risparmio_efficienza_energetica.html[2021-12-27].

⑥ ARERA, the Italian Regulatory Authority for Energy, Networks and Environment. https://www.arera.it/it/inglese/about/presentazione.htm[2021-12-27].

（2）研发环境

意大利没有设立能源研究专用资金来源，主要研发资金来源于"国家研究计划"[①]、"京都循环基金"（Fondo Rotativo Kyoto）、"电力部门系统研究基金"（Fondo Ricerca di Sistema Elettrico Nazionale）和"可持续增长基金"（Fondo per la Crescita Sostenibile）等，其公共和私营领域研究创新的资源投入明显低于其他欧盟国家[②]。

意大利是"欧洲战略能源技术规划"的参与者，也是"创新使命"的推动者之一，旨在推动清洁能源技术的前沿项目研究，并在《2030年国家综合能源与气候计划》中提出并制定了确保建立安全、可持续和竞争性能源系统的措施，促进清洁技术领域研究与创新，意大利承诺将清洁能源研发公共资金增加一倍（从2013年的2.22亿欧元增至2021年的4.44亿欧元）[③]。

意大利能源技术创新与"欧洲战略能源技术规划"紧密结合，《国家能源战略》优先关注欧盟第七期研究与创新框架计划，包括可再生能源技术创新、智能电网和储能系统、节能材料和解决方案、碳捕集与封存技术创新、本地能源资源开发（特别是碳氢化合物和海洋能源），并在核安全、核聚变及第四代核裂变反应堆研究方面开展国际合作。意大利新技术、能源和可持续经济发展局[④]是国家研究机构，致力于能源、环境和可持续经济发展技术创新，包括能源效率、可再生能源、聚光太阳能、生物质能、氢能、核聚变、新材料等。

（3）清洁发展环境

在电动汽车发展上，意大利《2030年国家综合能源与气候计划》提出将推动电动汽车在交通领域的发展，到2030年电动汽车数量将达到600万辆[⑤]。

---

① Programma nazionale per la ricercaa. https://www.mur.gov.it/it/aree-tematiche/ricerca/programmazione/programma-nazionale-la-ricerca[2021-12-27].

② Energy Policies of IEA Countries: Italy 2016 Review. https://iea.blob.core.windows.net/assets/e93b7722-cf3b-4fbd-b5bf-c3bce72c7522/EnergiePoliciesofIEACountriesItaly2016Review.pdf [2021-12-27].

③ ITALY. https://ec.europa.eu/energy/sites/default/files/documents/necp_factsheet_it_final.pdf[2021-12-27].

④ Agenzia nazionale per le nuove tecnologie, l'energia e lo sviluppo economico sostenibile. https://www.enea.it/it[2022-02-13].

⑤ Energia Clima 2030 Proposta di Piano nazionale integrato. https://energiaclima2030.mise.gov.it/index.php/il-piano/obiettivi[2021-12-27].

2020年12月，意大利经济发展部公布了《国家氢能发展战略初步指南》[①]，设定了两个阶段性发展目标：到2030年，意大利电解水制氢产能达5吉瓦，氢能占全部能源供应的2%；到2050年，氢能在意大利能源供应中的占比提升至20%。根据目前的战略规划，意大利计划将推广氢燃料电池汽车作为氢能产业发展的突破口，将大幅提升本土氢燃料电池汽车的应用规模，逐步取代柴油车。意大利经济发展部预计，要完成上述目标，总计需要上百亿欧元的投资。其中，在交通领域需要投入20亿～30亿欧元，电解水制氢项目的投资金额预计为50亿～80亿欧元。

2. 创新投入

意大利能源科技创新投入水平较为一般，尤其是基础设施建设较为缓慢。

在公共资金投入指标上，意大利处于中游水平，如图4-69所示。2018年，意大利能源公共研发经费总额达5.1亿美元，与其他发达国家相比差距明显，且低于G20国家平均水平；其清洁能源公共研发经费占比接近80%，能源基础研究经费投入占比超过10%。意大利能源公共研发经费投入强度较低，不到0.3，与其他发达国家差距显著。

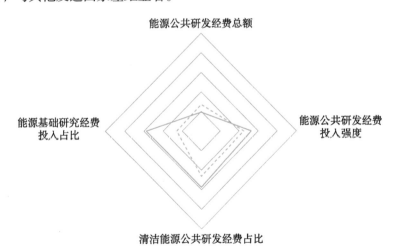

图 4-69 意大利公共资金投入三级指标得分雷达图

图中蓝色实线为意大利各指标得分，绿色虚线为G20国家各指标平均得分

---

① Strategia Nazionale Idrogeno Linee Guida Preliminari. https://www.mise.gov.it/images/stories/documenti/Strategia_Nazionale_Idrogeno_Linee_guida_preliminari_nov20.pdf[2021-12-27].

　　在人力投入指标上，意大利表现如图 4-70 所示。意大利每百万人 R&D 人员（全时当量）数及万名就业人员中可再生能源从业人员数等投入强度指标均处于中游水平，与美国、中国等差距明显。

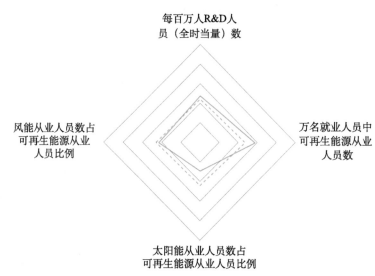

图 4-70　意大利人力投入三级指标得分雷达图

图中蓝色实线为意大利各指标得分，绿色虚线为 G20 国家各指标平均得分

　　在基础设施投入指标上，意大利除储能装机容量外，输电网、加氢站、充电桩建设均有待加强，如图 4-71 所示。尽管意大利电动汽车保有量较其他国家仍有显著差距，但 2020 年增长了 150%，公共充电桩增长 46%。

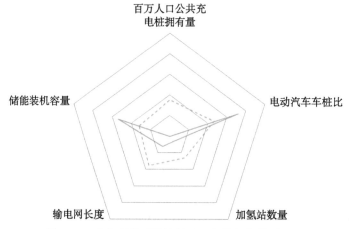

图 4-71　意大利基础设施投入三级指标得分雷达图

图中蓝色实线为意大利各指标得分，绿色虚线为 G20 国家各指标平均得分

3. 创新产出

意大利的能源创新产出水平低于创新投入，处于中等位置，主要在产业培育上存在明显不足。

知识创造、技术创新产出指标均处于中游水平，如图 4-72 所示。近十年意大利能源科技论文产出数量并不多，但其单位 GDP 和人均产出强度较高。近十年能源领域五方专利申请量、近十年能源领域 PCT 专利申请量均低于G20 国家平均水平。

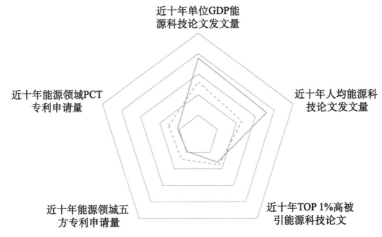

图 4-72　意大利知识创造、技术创新三级指标得分雷达图
图中蓝色实线为意大利各指标得分，绿色虚线为 G20 国家各指标平均得分

产业培育指标存在明显不足，如图 4-73 所示。除可再生能源装机总量（不含水电），意大利其他指标均明显低于 G20 国家平均水平。其中，意大利已弃核，电动汽车、氢能发展均相对缓慢。

4. 创新成效

意大利创新成效处于中游水平。意大利化石能源短缺始终是影响其经济发展的一大短板，因此工业、能源等部门较早迈向绿色节能转型，并取得较为明显的成效。

清洁发展指标表现较为一般，其人均可再生能源发电量排名靠前，其他指标均存在不足，如图 4-74 所示。

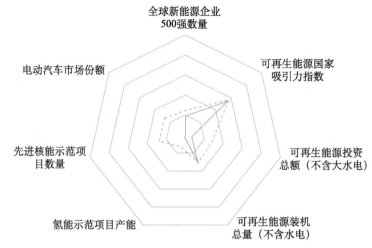

图 4-73　意大利产业培育三级指标得分雷达图

图中蓝色实线为意大利各指标得分，绿色虚线为 G20 国家各指标平均得分

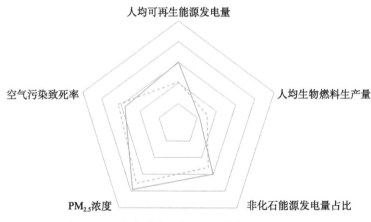

图 4-74　意大利清洁发展三级指标得分雷达图

图中蓝色实线为意大利各指标得分，绿色虚线为 G20 国家各指标平均得分

　　低碳发展指标处于领先位置，如图 4-75 所示，仅弱于巴西、法国。2017年，意大利现代可再生能源占终端能源消费比例达 16.4%，仅低于巴西、加拿大。2018 年，意大利一次能源碳强度、人均能源相关二氧化碳排放量及单位GDP 能源相关二氧化碳强度均得到有效改善，绿色发展成效明显。

　　安全发展体系构建较为落后，如图 4-76 所示。意大利是典型的能源进口大国，长期以来由于资源缺乏，石油、天然气绝大部分一直依赖进口。一次能源供应主要集中在石油、天然气，电力供应结构相对均衡。

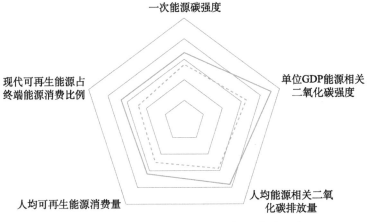

图 4-75　意大利低碳发展三级指标得分雷达图

图中蓝色实线为意大利各指标得分，绿色虚线为 G20 国家各指标平均得分

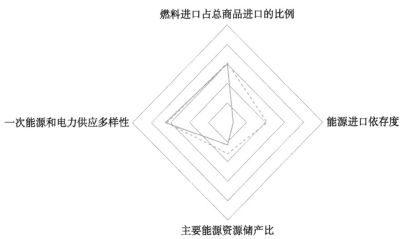

图 4-76　意大利安全发展三级指标得分雷达图

图中蓝色实线为意大利各指标得分，绿色虚线为 G20 国家各指标平均得分

　　高效发展指标处于中游水平，如图 4-77 所示。2018 年，意大利单位能耗 GDP 经济产出较高，仅次于英国。但意大利电力装机容量利用率表现一般，输配电效率有待提高。

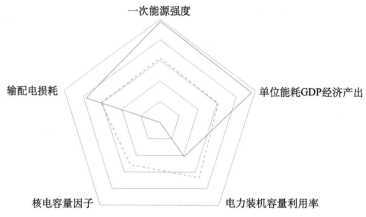

图 4-77　意大利高效发展三级指标得分雷达图

图中蓝色实线为意大利各指标得分，绿色虚线为 G20 国家各指标平均得分

第八节　中国

一、国家概况

中国位于亚洲东部、太平洋西岸，陆地面积约 960 万平方千米[①]，第七次全国人口普查公报结果显示人口为 14.43 亿[②]，2020 年全年人均 GDP 为 72 447 元[③]。目前，中国已形成较为完善的能源生产和供应体系，包含煤炭、电力、石油、天然气、新能源、可再生能源等能源品类。作为全球最大的电动汽车市场和可再生能源投资市场，中国光伏、风能等清洁能源技术快速发展，部分产业实现了全球领跑。与此同时，作为世界上最大的能源消费国和最大的温室气体排放国，中国面临着在保持经济增长的同时减少煤炭污染和控制温室气体排放的多重挑战。此外，持续的工业化和城市化导致能源需求大大增加，提高能源自给率成为能源安全体系的主要问题。

---

① 国情 . http://www.gov.cn/guoqing/index.htm[2022-02-13].

② 第七次全国人口普查公报 . http://www.gov.cn/guoqing/2021-05/13/content_5606149.htm [2022-02-13].

③ 中华人民共和国 2020 年国民经济和社会发展统计公报 . http://www.gov.cn/xinwen/2021-02-28/ content_5589283.htm[2022-02-13].

联合国可持续发展目标跟踪调查数据显示，中国 2018 年一次能源强度为 150.44 吨标油 / 百万美元（按 2011 年购买力平价），人均可再生能源消费量为 0.06 吨标油，非化石能源发电量占比达 28.88%[①]。国际能源署统计数据显示，中国 2018 年一次能源碳强度达 2.98 吨二氧化碳 / 吨标油，单位 GDP 能源相关二氧化碳强度为 0.40 千克二氧化碳 / 美元（按 2015 年购买力平价），人均能源相关二氧化碳排放量为 6.84 吨二氧化碳[②]。

二、评价结果

中国 ETII 表现强劲，为创新先进国家，仅次于美国、德国、法国。中国在创新投入和创新产出维度指标表现上处在靠前位置，创新环境处于中上水平，主要在可再生能源发展环境、能效发展环境营造上有待进一步加强；创新成效表现不足，主要是由于化石能源结构占比居高不下、可再生能源和电力消费普及率相对较低、经济产出能耗较高、能源燃料进口依赖度较高、空气污染改善仍面临压力，如图 4-78 所示。

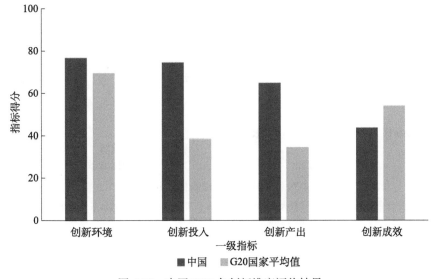

图 4-78　中国 ETII 各创新维度评价结果

① 数据源自 SDG Indicators Database，网址为 https://unstats.un.org/sdgs/dataportal/database.

② 数据源自 Key World Energy Statistics，网址为 https://www.oecd-ilibrary.org/energy/key-world-energy-statistics_22202811.

中国人力投入处于前列，基础设施投入力度日益加大，同时高强度的公共资金投入、良好的创新环境、完善的政策体系营造了良好的清洁发展环境，有助于能源产业培育规模快速增长，提高人才、资本、技术和知识流动效率，从而加快构建更加清洁低碳、安全高效的现代能源体系。除创新成效维度，其他维度大部分二级指标表现强劲，人力投入、基础设施投入、研发环境、产业培育等指标处于领先位置，政策环境、公共资金投入、知识创造等指标表现突出；清洁发展、高效发展、低碳发展、安全发展等指标有所不足，表现低于G20 国家平均值，如图 4-79 所示。

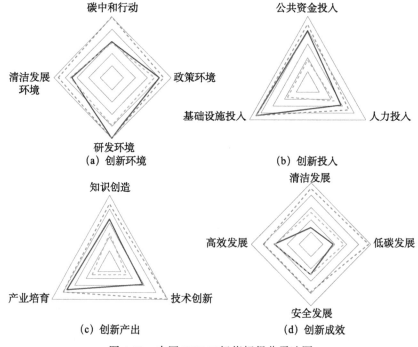

图 4-79　中国 ETII 二级指标得分雷达图

图中橙色虚线为 G20 国家最大值，绿色虚线为 G20 国家平均值，红色实线为中国得分

三、创新维度分析

1. 创新环境

近年来，中国不断加强全方位、跨部门、跨领域的系统政策和制度创新集

成，以积极应对能源需求压力巨大、能源供给制约较多、能源生产和消费对生态环境损害严重、能源技术水平总体落后等挑战。当前，中国正步入开启全面建设社会主义现代化国家、向第二个百年奋斗目标进军的新征程。2021年，中国正式发布《中华人民共和国国民经济和社会发展第十四个五年规划和2035年远景目标纲要》[①]，提出推动能源清洁低碳安全高效利用，聚焦新能源汽车、绿色环保等战略性新兴产业，推动经济社会发展全面绿色转型，广泛形成绿色生产生活方式，碳排放达峰后稳中有降。同时提出构建现代能源体系，推进能源革命，建设清洁低碳、安全高效的能源体系，提高能源供给保障能力；实施能源资源安全战略，坚持立足国内、补齐短板、多元保障、强化储备，完善产供储销体系；开展智慧能源重点领域试点示范，建设低碳城市；优化能源开发布局和运输格局，加强能源资源综合开发利用基地建设等。

（1）碳中和行动与政策环境

一直以来，中国坚持节约资源和保护环境的基本国策，积极转变经济发展方式，不断加大节能力度，并将单位 GDP 能耗作为约束性指标连续写入"十一五"、"十二五"和"十三五"国民经济和社会发展五年规划纲要，相继出台了能源发展"十一五"、"十二五"、"十三五"规划和《能源发展战略行动计划（2014—2020 年）》《可再生能源发展"十三五"规划》等专项文件。党的十八大以来，面对国际能源发展新趋势、能源供需格局新变化，以习近平同志为核心的党中央高瞻远瞩，坚持绿色发展理念，大力推进生态文明建设，2014 年 6 月，习近平总书记在中央财经领导小组第六次会议上首次提出了"四个革命、一个合作"的战略思想，为能源改革发展指明了方向、明确了目标，推动能源事业取得新进展。2016 年发布的《能源生产和消费革命战略（2016—2030）》和《能源技术革命创新行动计划（2016—2030 年）》，明确提出实施能源"四个革命、一个合作"的战略路线图，将推进能源革命作为能源发展的国策，筑牢能源安全基石，推动能源文明消费、多元供给、科技创新、深化改革、加强合作，实现能源生产和消费方式的根本性转变。

2020 年 9 月 22 日，习近平主席在第七十五届联合国大会上首次提出中国二氧化碳排放力争在 2030 年前达到峰值，努力争取 2060 年前实现碳中和，并

---

① 中华人民共和国国民经济和社会发展第十四个五年规划和 2035 年远景目标纲要 . http://www.gov.cn/xinwen/2021-03/13/content_5592681.htm[2021-12-27].

在国内外重要会议上多次强调这一目标，中央财经委员会第九次会议更是将碳达峰、碳中和纳入生态文明建设整体布局，进一步彰显了中国实现碳达峰、碳中和目标的政治决心和责任担当。"十四五"成为落实碳达峰和碳中和目标的关键起步期，"十四五"规划首次设立了能源安全指标，并将其作为约束性指标纳入五年规划主要指标，同时提出落实 2030 年应对气候变化国家自主贡献目标，制定 2030 年前碳排放达峰行动方案，锚定努力争取 2060 年前实现碳中和。

为此，中国抓紧制定碳达峰碳中和"1+N"的政策体系，在能源、工业、交通等领域实施绿色转型和创新的政策措施和行动。在顶层设计上，2021 年 9 月，中共中央、国务院正式印发《关于完整准确全面贯彻新发展理念做好碳达峰碳中和工作的意见》，明确中国碳达峰、碳中和工作的分阶段主要目标，提出深度调整产业结构、加快构建清洁低碳安全高效能源体系、加快推进低碳交通运输体系建设、提升城乡建设绿色低碳发展质量、加强绿色低碳重大科技攻关和推广应用等多方面举措。2021 年 10 月，国务院发布《关于印发 2030 年前碳达峰行动方案的通知》，提出到 2030 年，非化石能源消费比重达到 25% 左右，单位国内生产总值二氧化碳排放比 2005 年下降 65% 以上，顺利实现 2030 年前碳达峰目标。在分领域分部门行动上，各部委陆续出台发布一系列推进举措，如《关于统筹和加强应对气候变化与生态环境保护相关工作的指导意见》从战略规划、政策法规、制度体系、试点示范、国际合作五个方面提出重点任务安排；《"十四五"工业绿色发展规划》提出实施工业领域碳达峰行动、推进产业结构高端化转型、加快能源消费低碳化转型等九大工业领域碳达峰任务；《促进绿色消费实施方案》提出消费各领域全周期全链条全体系深度绿色转型目标和重点任务；《关于严格能效约束推动重点领域节能降碳的若干意见》提出石化化工、冶金、建材等重点行业节能降碳目标和重点任务；《促进钢铁工业高质量发展的指导意见》提出构建产业间耦合发展的资源循环利用体系，确保 2030 年前碳达峰。在制度保障上，《关于完善能源绿色低碳转型体制机制和政策措施的意见》从体制机制创新和政策保障的角度对能源绿色低碳发展进行系统谋划。在科技支撑上，研究制定《科技支撑碳达峰碳中和行动方案》，充分发挥科技创新对碳达峰碳中和目标实现的支撑引领作用；中国科学院率先启动了科技支撑碳达峰碳中和战略行动计划。在人才队伍建设上，《高等学校碳中和科技创新行动计划》旨在发挥高校基础研究主力军和重大科技创新策源地作用，为实现碳达峰碳中和目标提供科技支撑和人才保障。由此，中国形成了涵盖宏观、中观和微观三个层面，科学处理"远期""短期"以及"总体""局部"关系的系统战略布局，以及多领域、多行业、多角度行动路径与政策体系。

在碳交易市场建设上，中国在先行先试经验基础上，逐步建立全国性规范的市场机制。2013年起，中国先后在北京、天津、上海、福建、广东、湖北、重庆7个省（直辖市）和经济特区深圳，启动碳排放交易试点。在成功试行经验的基础上，2017年国家发展和改革委员会正式启动了国家碳交易体系，并发布了国家碳排放交易目标和路线图，重点完善了法律体系、市场支持和配套系统，逐步由电力领域扩大到航空、建材、化工、钢铁、有色金属、纸浆和造纸、石化七大领域。2020年12月，中国发布《碳排放权交易管理办法（试行）》，正式启动全国碳排放权交易市场，并提出组织建立全国碳排放权注册登记机构和全国碳排放权交易机构，以及建设全国碳排放权注册登记系统和全国碳排放权交易系统。

在2021年2月彭博新能源财经发布的《G20国家零碳政策记分牌》报告中，中国排第7位，建筑部门居于前列，但化石燃料去碳化、循环经济等表现不足。

体制机制创新是推动能源革命的制度保障，为保障能源政策和战略计划的有效实施，中国不断健全能源法律法规体系，多次修订《中华人民共和国可再生能源法》《中华人民共和国矿产资源法》《中华人民共和国节约能源法》《中华人民共和国电力法》等，并已对起草的《中华人民共和国能源法》公开征求意见。在能源产业发展监管体系上，中国建立了覆盖区域和省级层面的监管机构，制定了《电力安全生产监督管理办法》《电力监管条例》《电力设施保护条例》以及油气管网监管等法律法规。此外，2020年，中国营商环境得到持续改善，排在全球第31位，优于法国等发达国家。在绿色金融体系的七个领域，中国已布局政策体系、可持续融资学习网络、绿色债券、可持续金融评估体系、国际合作五个领域。

（2）研发环境

"十三五"以来，中国一直践行"四个革命、一个合作"的战略思想，以更强决心、更大力度推进能源供应、消费、技术、体制革命，加快传统化石能源高效利用、洁净能源研发以及碳捕集、利用和封存等技术创新，构建清洁低碳、安全高效的现代能源体系。经过"十二五"和"十三五"两个五年规划期，中国初步建立了重大技术研发、重大装备研制、重大示范工程、科技创新平台"四位一体"的能源科技创新体系，按照集中攻关一批、示范试验一批、应用推广一批"三个一批"的路径，推动能源技术革命取得重要阶段性进展，有力支撑了重大能源工程建设，对保障能源安全、促进产业转型升级发挥了重要作用。国家科技重大专项中设立了"大型先进压水堆及高温气冷堆核电站"和"大型油气田及煤层气开发"两个能源相关的重大专项，科技创新 2030 重大项目中设立了航空发动机及燃气轮机、煤炭清洁高效利用、智能电网三个能源相关重大项目。科学技术部作为研发创新的主管部门，在国家重点研发计划中布局了 30 余项能源领域重点专项，"十三五"期间累计资助金额达到 352 亿元，参与单位共计 700 余家。此外，国家自然科学基金也在重大研究计划类别中设立了多个能源领域关键技术研究计划。"十四五"期间，科学技术部将加强碳达峰碳中和科技创新部署，统筹推进可再生能源、氢能、储能与智能电网、循环经济、绿色建筑等领域国家重点研发计划重点专项，继续加强可再生能源、氢能、煤炭清洁高效利用技术等相关技术的研发部署，并统筹组织实施国家重点研发计划"碳达峰碳中和关键技术研究与示范"重点专项[①]。

与美的国家能源实验室模式不同，中国建立了企业、高等院校、科研院所等各类研发机构，推动能源技术研发协同创新。2010 年以来，国家能源局依托能源领域具有较强应用基础研究、前沿技术开发、重大装备研制及工程化、能源科技战略研究等能力的骨干企业、科研院所、高校等主体建设了 88 个国家能源研发创新平台，包括国家能源研发中心和国家能源重点实验室。以中国科学院为代表的高水平科研机构在能源领域进行了系统布局，开展了大量研究工作。"十二五"以来，中国科学院相继启动了"未来先进核裂变能""低阶煤清洁高效梯级利用关键技术与示范""页岩气勘探开发基础理论与关键技术""能源化学转化的本质与调控""超强激光与聚变物理前沿研究""变革性洁净能源关键技术与示范"等能源领域的战略性先导科技专项，发挥建制化优势开展能源领域重大基础交叉前沿方向原创研究和关键核心技术攻关。

（3）清洁发展环境

在过去的二十余年，中国在能源效率方面已经取得了相当大的进步，强制性的能源效率政策覆盖了几乎 70% 的工业。

近年来，随着国家政策的大力支持，中国包括核能、氢能、新能源汽车等

---

① 关于政协十三届全国委员会第四次会议第 4110 号（科学技术类 176 号）提案答复的函. http://www.most.gov.cn/xxgk/xinxifenlei/fdzdgknr/jyta/202111/t20211116_178018.html[2022-02-11].

清洁技术发展环境有了较大的改善，法律法规和产业监管体系日趋完善。随着全球新能源成本持续下降，超过50%的新增可再生能源成本低于化石燃料，中国的新能源、可再生能源等清洁技术亦得到快速发展。以风电、光伏为代表的可再生能源发电已经成为中国能源低碳转型的重要标志，装机容量均逐步逼近水电。2019年煤炭消费占能源消费总量比重为57.7%，比2012年降低10.8个百分点；天然气、水电、核电、风电等清洁能源消费量占能源消费总量比重为23.4%，比2012年提高8.9个百分点；非化石能源占能源消费总量比重达15.3%，比2012年提高5.6个百分点[①]。

在可再生能源发展上，中国发展计划、激励支持、发电并网等均相对明确，但金融监管机制、碳监测制度尚不健全。在能效发展环境上，中国融资、建筑规范、交通领域监管、碳定价监测制度有待完善。随着中国寻求摆脱对可再生能源补贴的依赖，转向更具竞争力的市场格局，尽管可再生能源的增长已有所放缓，但长期增长仍然乐观[②]。在电气化发展环境上，中国发布了正式批准的国家计划和覆盖范围，以及明确的微型电网、独立系统框架、公用事业效用监测机制。在先进核能发展环境上，中国是世界上少数拥有比较完整核工业体系的国家之一，2007年国务院批准《核电中长期发展规划（2005～2020年）》，标志着中国核电发展进入了新的阶段[③]。该规划提出到2020年，核电运行装机容量争取达到4000万千瓦，并有1800万千瓦在建项目结转到2020年以后续建。在氢能发展环境上，《国民经济和社会发展第十四个五年规划和2035年远景目标纲要》提出，在氢能与储能等前沿科技和产业变革领域，组织实施未来产业孵化与加速计划，谋划布局一批未来产业；2020年9月发布的《关于开展燃料电池汽车示范应用的通知》，旨在推动中国燃料电池汽车产业持续健康、科学有序发展[④]；在国家顶层规划的推动下，中国除西藏外的30个省（自治区、直辖市）将支持氢能产业发展列入了地方"十四五"规划，并

---

① 《新时代的中国能源发展》白皮书. http://www.gov.cn/zhengce/2020-12/21/content_5571916.htm[2022-03-04].

② Renewable Energy Country Attractiveness Index. https://assets.ey.com/content/dam/ey-sites/ey-com/en_gl/topics/power-and-utilities/ey-recai-56-country-index.pdf[2021-12-27].

③ 核电中长期发展规划（2005～2020年）. http://www.gov.cn/gzdt/att/att/site1/20071104/00123f3c4787089759a901.pdf[2021-12-27].

④ 关于开展燃料电池汽车示范应用的通知. http://www.nea.gov.cn/2020-09/21/c_139384465.htm[2021-12-27].

加紧建设推广应用示范区。在新能源汽车发展环境上，2020年10月发布的《新能源汽车产业发展规划（2021—2035年）》提出，到2025年，中国新能源汽车市场竞争力明显增强，动力电池、驱动电机、车用操作系统等关键技术取得重大突破，安全水平全面提升，新能源汽车新车销售量达到汽车新车销售总量的20%左右。到2035年，中国新能源汽车核心技术达到国际先进水平，质量品牌具备较强国际竞争力，纯电动汽车成为新销售车辆的主流，公共领域用车全面电动化，燃料电池汽车实现商业化应用，高度自动驾驶汽车实现规模化应用，有效促进节能减排水平和社会运行效率的提升[①]。

2. 创新投入

中国在能源科技创新上保持着高强度的投入水平，创新投入维度居G20国家首位。

公共资金投入指标居于前列，如图4-80所示，仅次于美国。2019年，中国能源公共研发经费总额达79亿美元，全球领先，其投入强度仅次于日本；清洁能源公共研发经费占比达73.85%，处于中游水平；能源基础研究经费投入占比达14.22%，居于前列，如图4-80所示。

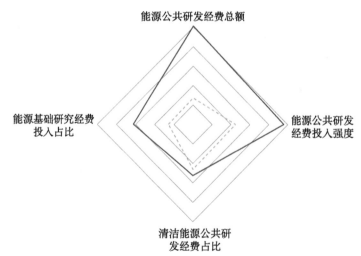

图 4-80　中国公共资金投入三级指标得分雷达图

图中红色实线为中国各指标得分，绿色虚线为G20国家各指标平均得分

---

① 国务院办公厅关于印发新能源汽车产业发展规划（2021—2035年）的通知 . http://www.gov.cn/zhengce/content/2020-11/02/content_5556716.htm[2022-02-14].

人力投入强度指标处于领先位置，如图 4-81 所示。2019 年，中国可再生能源从业人员数达 436 万人，全球领先；万名就业人员中可再生能源从业人员数和太阳能从业人员数占可再生能源从业人员比例排名靠前，风能从业人员数占可再生能源从业人员比例高于 G20 国家平均值，但每百万人 R&D 人员（全时当量）数较发达国家存在不少差距。

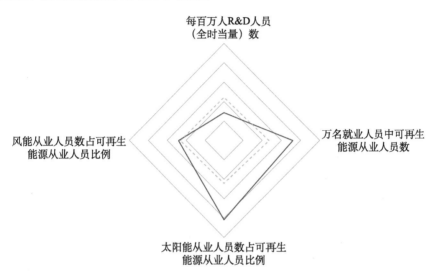

图 4-81　中国人力投入三级指标得分雷达图

图中红色实线为中国各指标得分，绿色虚线为 G20 国家各指标平均得分

基础设施投入强度指标表现具有明显优势，如图 4-82 所示。2020 年，中国依然是全球最大的电动汽车市场，电动汽车保有量达 451 万辆（较 2019 年增长了 35%），接近全球的 47%；充电桩数量达 800 万个（较 2019 年增长了 60%），接近全球的 60%；电动汽车车桩比达到 5.6∶1，排名相对靠前。加氢站数量达 61 个，仅次于日本、德国、美国；储能装机容量达 310 万千瓦，输电网建设卓有成效，较其他国家领先优势明显。

3. 创新产出

随着在创新环境以及公共资金、人力、基础设施等方面更高强度的投入，中国在创新产出方面表现出良好的势头。

知识创造指标表现居于前列，如图 4-83 所示。2011 ～ 2020 年，中国能源科技论文发文量和 TOP 1% 高被引能源科技论文均全球领先；但产出强度相对较弱，单位 GDP 和人均能源科技论文发文量仅处于中游水平。技术创新规模表现出良好的势头，中国能源领域五方专利申请量和PCT专利申请量较日本、美国、德国、韩国存在一定差距。

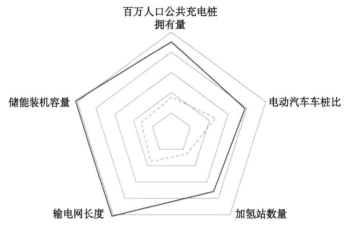

图 4-82　中国基础设施投入三级指标得分雷达图

图中红色实线为中国各指标得分，绿色虚线为G20国家各指标平均得分

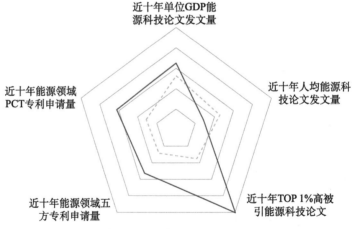

图 4-83　中国知识创造、技术创新三级指标得分雷达图

图中红色实线为中国各指标得分，绿色虚线为G20国家各指标平均得分

　　作为全球最大的可再生能源市场，中国在产业培育上展示出一定的规模优势，但与美国仍存在一定差距，如图4-84所示。"2020全球新能源企业500强"榜单中，中国共有193家入选，入选企业数量最多，且企业规模不断在增长。安永会计师事务所发布的"可再生能源国家吸引力指数"，中国下滑至第2位，仅次于美国。2019年，中国可再生能源装机总量（不含水电）处于领先位置；

可再生能源投资总额（不含大水电）达834亿美元，较2018年下降8%。中国氢能示范项目产能、先进核能示范项目数量较美国差距显著。

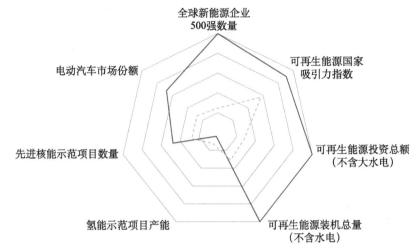

图 4-84 中国产业培育三级指标得分雷达图

图中红色实线为中国各指标得分，绿色虚线为G20国家各指标平均得分

4. 创新成效

尽管中国在促进新能源、可再生能源、清洁技术、能源效率、应对气候变化等方面取得了显著成绩，并持续保持高强度资金和人力投入，着力营造良好的创新环境，但在清洁低碳、安全高效的现代能源体系构建上任重道远。中国工业化进程相对较晚，经济发展对资源依赖程度仍较高，能源使用效率偏低。这与中国不同地方之间产业结构差异巨大的特征不无关系，加上庞大的人口规模、城镇化进程等综合因素，发展不均衡、不充分的问题更加凸显。世界银行公开数据显示，中国经济以服务业（52.2%）和工业（39.5%）为主导，农业对GDP的贡献率为8.3%，但各产业类型对GDP的相对贡献就劳动力体量而言是不相匹配的，农业劳动力占比达27.7%、工业占比为28.8%、服务业占比为43.5%[①]。就中国能源结构而言，煤炭等传统化石能源消费结构比重仍较高，碳排放强度仍面临较大压力。

在清洁发展指标上，中国处于明显落后的位置，如图4-85所示。尽管中

① Climate Change Overview >Country Summary. https://climateknowledgeportal.worldbank.org/country/china[2021-06-10].

国 2018 年可再生能源发电总量居于全球领先位置，但人均可再生能源发电量仅处于中下游水平。同时，2019 年生物燃料生产量较美国、巴西存在较大差距，人均表现差距愈加明显。空气污染治理形势仍较为严峻，$PM_{2.5}$ 浓度、空气污染致死率远高于 G20 国家平均水平。

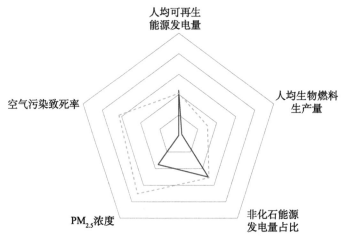

图 4-85　中国清洁发展三级指标得分雷达图

图中红色实线为中国各指标得分，绿色虚线为 G20 国家各指标平均得分

在低碳发展指标上，中国表现存在不足，如图 4-86 所示。2018 年，中国人均可再生能源消费量明显低于 G20 国家平均值；2017 年，中国现代可再生能源占终端能源消费比例仅达 8.9%，低于全球水平。除人均能源相关二氧化碳排放量有明显改善，中国一次能源碳强度、单位 GDP 能源相关二氧化碳强度均表现不足。

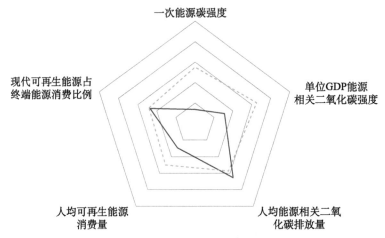

图 4-86　中国低碳发展三级指标得分雷达图

图中红色实线为中国各指标得分，绿色虚线为 G20 国家各指标平均得分

在安全发展指标上，中国处于中下游水平，如图 4-87 所示。中国在主要矿产资源储备上表现尚可，但仍然是燃料和能源进口大国，而且主要集中在石油和天然气。由于煤炭占比过高，一次能源供应弹性相对不足。2018 年，中国一次能源供应多样性表现靠后，煤炭占比接近 70%；电力供应多样性居于中游水平，化石燃料、水电占比接近 90%。

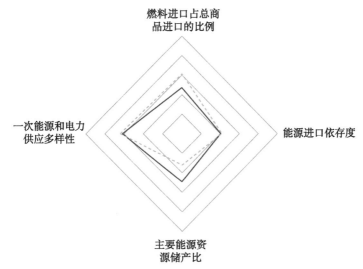

图 4-87　中国安全发展三级指标得分雷达图

图中红色实线为中国各指标得分，绿色虚线为 G20 国家各指标平均得分

在高效发展指标上，中国表现一般，弱于大部分发达国家，领先于其他发展中国家，如图 4-88 所示。2000 年以来，中国经济持续快速增长，成为全球第二大经济体，同时一次能源强度也在不断下降，单位能耗 GDP 经济产出得到有效提升，但与发达国家仍存在较大差距。2018 年，中国电力装机容量利用率达 42%，与全球水平相当。2017 ~ 2019 年，中国核电容量因子达 90%，仅次于美国、巴西。随着中国加快在智能电网、特高压等电力基础设施建设方面的进程，其输配电效率持续提升，输配电损耗不到 5%，仅次于韩国、德国、日本。

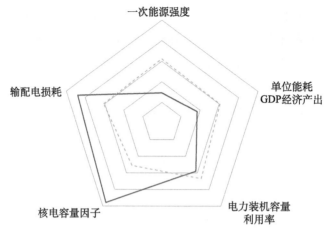

图 4-88　中国高效发展三级指标得分雷达图

图中红色实线为中国各指标得分，绿色虚线为 G20 国家各指标平均得分

第九节　俄罗斯

一、国家概况

俄罗斯横跨欧亚大陆，面积 1709.82 万平方千米，人口 1.46 亿[①]，人均 GDP 为 10 126.72 美元（2020 年现价美元）[②]。能源是俄罗斯内政外交的核心，依托分别位居世界第一、第二位的天然气、石油资源储量，能源贸易成为其推动国内经济增长、参与世界经济体系、维护地缘政治影响、改善政治环境的重要战略手段。

联合国可持续发展目标跟踪调查数据显示，俄罗斯 2018 年一次能源强度为 193.91 吨标油 / 百万美元（按 2011 年购买力平价），人均可再生能源消费量为 0.02 吨标油，非化石能源发电量占比达 35.78%[③]。国际能源署统计数据显示，俄罗斯 2018 年一次能源碳强度达 2.09 吨二氧化碳 / 吨标油，单位 GDP 能源相

---

①　俄罗斯国家概况 . https://www.fmprc.gov.cn/web/gjhdq_676201/gj_676203/oz_678770/1206_679110/1206x0_679112/[2022-02-14].

②　人均 GDP（现价美元）- Russian Federation. https://data.worldbank.org.cn/indicator/NY.GDP.PCAP.CD?locations=RU[2022-02-14].

③　数据源自 SDG Indicators Database，网址为 https://unstats.un.org/sdgs/dataportal/database.

关二氧化碳强度为 0.43 千克二氧化碳 / 美元（按 2015 年购买力平价），人均能源相关二氧化碳排放量为 10.98 吨二氧化碳[①]。

二、评价结果

俄罗斯 ETII 处在 G20 国家靠后位置。近年来，俄罗斯从监管体系、基础设施建设、投资创新等综合环节入手，加强能源改革，推进国内能源市场化竞争，引入新技术标准，通过经济激励等方式，促进节能技术发展。然而，过度依赖传统能源工业，导致创新与产业升级缓慢，能源结构不合理瓶颈始终没有实质性突破。

俄罗斯在创新环境、创新投入、创新产出、创新成效四个维度指标方面的位置均靠后，如图 4-89 所示。

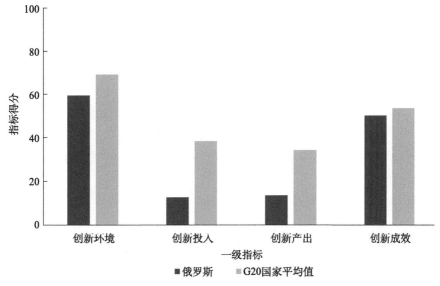

图 4-89　俄罗斯 ETII 各创新维度评价结果

在 14 个二级指标中，由于其丰富的油气资源，俄罗斯的能源安全发展指标处于领先位置，政策环境、研发环境指标表现相对较好，但其他指标表现低于 G20 国家平均水平，其中碳中和行动、技术创新、产业培育均表现较差，如图 4-90 所示。

---

① 数据源自 Key World Energy Statistics，网址为 https://www.oecd-ilibrary.org/energy/key-world-energy-statistics_22202811.

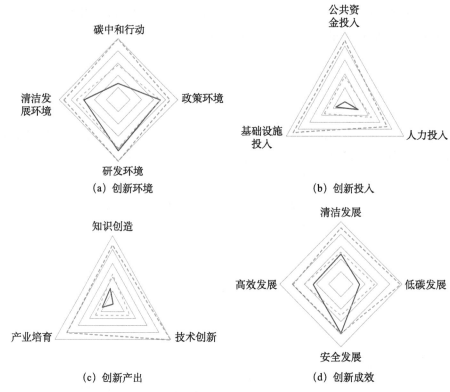

（a）创新环境　　　　　　（b）创新投入

（c）创新产出　　　　　　（d）创新成效

图 4-90　俄罗斯 ETII 二级指标得分雷达图

图中橙色虚线为 G20 国家最大值，绿色虚线为 G20 国家平均值，红色实线为俄罗斯得分

三、创新维度分析

1. 创新环境

（1）碳中和行动与政策环境

俄罗斯联邦政府高度重视能源战略制定和实施工作。早在 2003 年，俄罗斯联邦政府就批准了《能源战略 2020》（Энергетической стратегии России на период до 2020 года）[①]，并提出 4 项主要优先事项：提高能源效率，减少对环境的影响，可持续增长，提升能源科技竞争力。2008 年，俄罗斯工业与能源部

①　ПРАВИТЕЛЬСТВО РОССИЙСКОЙ ФЕДЕРАЦИИ РАСПОРЯЖЕНИЕ от 28 августа 2003 года N 1234- р . https://docs.cntd.ru/document/901872984[2022-02-10].

分离、合并联邦能源署重组成立能源部，履行制定和落实燃料和能源综合领域的国家政策和规范性调控职权，以及提供燃料和能源的生产和利用领域的服务。

2009年11月，俄罗斯联邦政府批准了《俄罗斯2030年能源战略》[①]，制定了系统的国家能源政策要求和指导方针，确定了能源领域长期发展目标、优先事项、政策保障机制，旨在提高能源资源开采、转化、分配和利用等各个阶段的成本效益和能源效率，以构建高效分散、安全可靠的能源供应系统。该战略提出，到2030年能源强度降低56%的目标（与2005年相比），分三个阶段完成：对能源部门进行重大改革；提高燃料和能源技术效率；提升整个经济的能源效率。具体如下：提高天然气利用效率及消费结构占比；开展碳氢化合物原料的深加工和综合利用；提高煤炭质量，稳定煤炭产量；加强可再生能源（水力和风能等）开发利用；增强第一代核电站的安全性和可靠性，并开发新的先进核电站项目；优先发展竞争性和生态清洁电力。

2014年，俄罗斯出台了《俄罗斯2035年能源战略》[②]，提出了降低对能源经济的依赖程度、调整能源结构、加大能源科技创新、拓展亚太市场等一系列措施，明确到2035年将亚太地区石油和天然气出口比重目标分别提升至32%和31%；同时，强调从监管体系、基础设施建设、投资创新等综合环节入手，加强能源改革，推进国内能源市场化竞争，深化能源公司管理；引入新技术标准，加快炼油现代化，提高能源产品质量；通过经济激励等方式，促进节能技术发展。

为了加快向更有效、更灵活和可持续能源的转型步伐，俄罗斯于2020年更新了《俄罗斯2035年能源战略》[③]，旨在推动能源结构多样化、数字化和智能化转型，并为全球经济脱碳做出贡献，以实现2035年能源发展目标。该战略提出加速向"资源创新型发展"的经济结构转型，一方面最大限度地促进俄罗斯的社会经济发展；另一方面巩固其在世界能源领域的地位。该战略提出，扩大西伯利亚东部和远东地区的天然气运输基础设施，到2024年，俄罗斯的天然气管网系统覆盖率将从68.6%扩大到74.7%，到2035年将达到82.9%。该战略将氢能经济作为重点部署方向之一，通过扩大氢气产能使俄罗斯到2035

① ЭНЕРГЕТИЧЕСКАЯ СТРАТЕГИЯ РОССИИ НА ПЕРИОД ДО 2030 ГОДА. https://minenergo.gov.ru/node/15357[2022-02-10].

② Энергетическая стратегия России на период до 2035 года. https://ac.gov.ru/files/content/1578/11-02-14-energostrategy-2035-pdf.pdf [2021-11-02].

③ ЭНЕРГЕТИЧЕСКАЯ СТРАТЕГИЯ РОССИЙСКОЙ ФЕДЕРАЦИИ НА ПЕРИОД ДО 2035 ГОДА. https://minenergo.gov.ru/node/1026[2022-02-10].

年成为全球重要氢能供应国①。为确保上述目标的实现，战略对化石能源、可再生能源、核能等不同能源行业设定了详细的任务，并对主要的能源资源产量、供需、进出口贸易等设定了阶段目标。

2019 年，俄罗斯正式通过了《巴黎气候协定》，宣布支持国际社会应对气候变化的努力。2021 年 11 月，俄罗斯公布了《到 2050 年实现温室气体低排放社会经济发展战略》②，以实现到 2050 年温室气体排放量较 2019 年减少60%，并在 2060 年实现碳中和目标。该战略提出，提高森林等生态系统固碳能力是实现能源转型的基础，到 2050 年俄罗斯森林固碳能力将增加 6.65 亿吨/ 年。此外，将提高可再生能源使用比例、建立碳配额制度、推进电动汽车部署、化工制造更多使用氢燃料、在燃煤电厂中实施碳捕集技术，以减少碳足迹。2021 年，俄罗斯首部气候法案已经过了初审，其中将引入碳交易、碳抵消机制。在 2021 年 2 月彭博新能源财经发布的《G20 国家零碳政策记分牌》报告中，俄罗斯排最后 1 位，尤其是化石燃料去碳化、交通、工业、建筑等政策行动较为缓慢。在能源产业发展监管上，2011 年 1 月，俄罗斯以立法的形式建立了"关于节约能源和提高能源效率"强制性能源标签机制。得益于在电力供应、税收和保护投资者权益等领域取得的突破，俄罗斯在世界银行发布的《营商环境 2020》报告中升至第 28 位，自 2017 年以来不断攀升③。此外，能源领域绿色金融环境和国际合作仍旧是其主要短板。

（2）研发环境

俄罗斯是传统科技强国，拥有世界一流的科技实力和人才队伍，但在苏联解体、金融危机、老旧的科研创新体系等多重不利因素的作用下，俄罗斯的科技事业出现严重滑坡。在此大背景下，俄罗斯能源科技逐渐与世界先进水平拉开距离，很多技术和装备逐渐老化，先进技术和装备依赖进口。为了扭转这一局面，俄罗斯联邦政府采取一系列措施开始对其科技管理体系进行改革，以重新激活其科技创新活力，恢复科技强国地位。《俄罗斯 2035 年能源战略》明确提出，构建国家可持续发展能源创新体系，恢复和发展科学技术能力，广泛开

①　РАСПОРЯЖЕНИЕ от 9 июня 2020 г. № 1523- р . http://static.government.ru/media/files/w4sigFOiDjGVDYT4IgsApssm6mZRb7wx.pdf[2022-02-10].

②　Правительство утвердило Стратегию социально-экономического развития России с низким уровнем выбросов парниковых газов до 2050 года. http://government.ru/news/43708/[2022-02-14].

③　俄罗斯营商环境排名升至第 28 位 . http://ru.mofcom.gov.cn/article/jmxw/201910/ 20191002907850.shtml[2021-06-10].

展基础研究、应用研究与开发，发展先进能源技术和装备，设立研发中心，建立公共与私营合作伙伴关系。

2011年，俄罗斯确定了科技优先发展的8大领域和27项关键技术清单。其中将"能效、节能、核技术"作为8大科技领域之一，在关键技术清单中包括动力与电力设备技术；原子能、核燃料循环技术，放射性核废料及乏燃料的安全处理；新能源和可再生能源（包括氢能）；矿产资源勘探与开采；能源运输、分配、利用过程中的节能系统；有机燃料高效能量转化技术。2016年9月，俄罗斯批准了国家技术倡议（Национальная технологическая инициатива，НТИ）中的能源网络路线图。作为俄罗斯发展新技术产业和进入"未来市场"的国家政策重点之一，НТИ能源网络路线图旨在开发用于智慧能源的国内集成系统和服务，确保未来15～20年俄罗斯在全球新兴高科技市场保持领先地位。

与其他科技领先国家相比，俄罗斯能源科技公共研发开支和企业研发投入水平较低。据国际能源署统计，2012年俄罗斯整体的科技研发经费为370亿美元，大部分来自联邦政府（占比近70%），剩余来自企业投资[①]。俄罗斯能源科技企业研发资金主要来源是大型国有企业集团，如俄罗斯天然气工业股份公司（Gazprom）、俄罗斯卢克国际石油公司（Lukoll）、俄罗斯石油公司（Rosneft Oil）、国家原子能集团（Rosatom）等。俄罗斯能源科技公共研发经费由政府科技主管部门直接分配至研发机构或通过专门的资助机构间接分配。俄罗斯联邦科学与创新署（Федеральное агентство по науке и инновациям）负责管理大部分联邦研发预算，其他竞争性研发经费的分配主要由俄罗斯联邦基础研究基金会（Российский фонд фундаментальных исследований）、俄罗斯技术发展基金会（Российский фонд технологического развития）等机构负责。

（3）清洁发展环境

在先进核能发展上，俄罗斯核能技术一直引领全球，作为国家战略核心力量，其发展已被纳入俄罗斯国家安全、经济发展及能源安全战略。俄罗斯核工业国家战略性地位从未改变，历经70多年的发展已形成完整的产业体系。俄罗斯制定了核能发展战略，旨在建设下一代快中子反应堆[②]。2017年，俄罗斯

---

① Russia 2014. https://iea.blob.core.windows.net/assets/c1210371-9d5b-48e5-87b4-171cd302ad0c/Russia_2014.pdf [2022-02-10].

② Nuclear Power in Russia. https://world-nuclear.org/information-library/country-profiles/countries-o-s/russia-nuclear-power.aspx[2022-02-10].

国家原子能集团批准"压水堆技术优化计划"①，确定了优先发展目标。在氢能发展上，2020 年 10 月，俄罗斯联邦政府批准了《到 2024 年俄罗斯氢能发展路线图》(Развитие водородной энергетикив Российской Федерации до 2024 года) 草案②，计划 2024 年前在俄罗斯境内建立全面的氢能产业链。根据该路线图，俄罗斯的氢能产业链将完全由传统能源企业主导，在上游使用天然气、核能等制取低碳氢气而非通过可再生能源电力制取"绿氢"，输运环节计划通过天然气管网掺氢、改造现有天然气管道建立氢气管网，氢能应用则主要用于出口至欧洲。

2. 创新投入

俄罗斯在创新投入上较为落后，且在主要发展中经济体中也处于靠后位置。需要说明的是，其能源领域公共资金投入数据缺失。

人力投入力度明显不足，俄罗斯除每百万人 R&D 人员（全时当量）数在 G20 国家平均水平之上，其他指标差距明显，如图 4-91 所示。基础设施建设力度不够，除输电网长度外，俄罗斯能源创新所需基础设施投入有待加强，如图 4-92 所示。

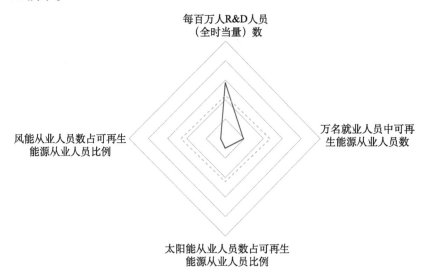

图 4-91　俄罗斯人力投入三级指标得分雷达图

图中红色实线为俄罗斯各指标得分，绿色虚线为 G20 国家各指标平均得分

① 王潮腾，李玉东. 俄罗斯核能政策解析. 中国核工业，2019（1）：39-41.

② МИНИСТЕРСТВО ЭНЕРГЕТИКИ.ПРАВИТЕЛЬСТВО РОССИЙСКОЙ ФЕДЕРАЦИИ УТВЕРДИЛО ПЛАН МЕРОПРИЯТИЙ ПО РАЗВИТИЮ ВОДОРОДНОЙ ЭНЕРГЕТИКИ. https://minenergo.gov.ru/node/19194[2022-02-10].

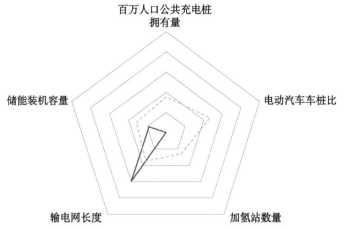

图 4-92　俄罗斯基础设施投入三级指标得分雷达图

图中红色实线为俄罗斯各指标得分，绿色虚线为 G20 国家各指标平均得分

3. 创新产出

由于较低水平的创新投入，俄罗斯创新产出水平较差。俄罗斯的知识创造和技术创新产出水平较低，其中能源科技论文和专利产出与 G20 国家平均水平均存在明显差距，如图 4-93 所示。

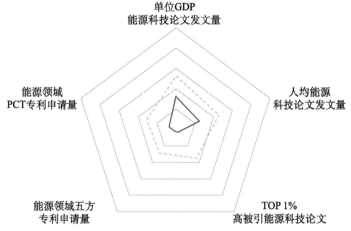

图 4-93　俄罗斯知识创造、技术创新三级指标得分雷达图

图中红色实线为俄罗斯各指标得分，绿色虚线为 G20 国家各指标平均得分

在产业培育指标上，俄罗斯先进核能示范项目数量达 13 项，仅次于美国，但其他指标均表现较差，如图 4-94 所示。

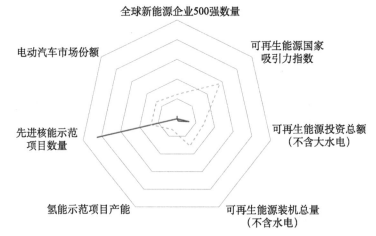

图 4-94 俄罗斯产业培育三级指标得分雷达图

图中红色实线为俄罗斯各指标得分，绿色虚线为 G20 国家各指标平均得分

4. 创新成效

俄罗斯创新成效表现处于中游水平，其在安全发展方面具有明显的领先优势，其他指标则表现一般。

在清洁发展指标上，俄罗斯居于中游水平，如图 4-95 所示。其中，人均可再生能源发电量、PM$_{2.5}$ 浓度表现中等，而人均生物燃料生产量、空气污染致死率则表现一般，低于 G20 国家平均水平。在低碳发展指标上，除一次能源碳强度外，其他指标均低于 G20 国家平均水平，如图 4-96 所示。

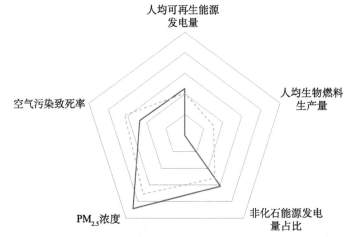

图 4-95 俄罗斯清洁发展三级指标得分雷达图

图中红色实线为俄罗斯各指标得分，绿色虚线为 G20 国家各指标平均得分

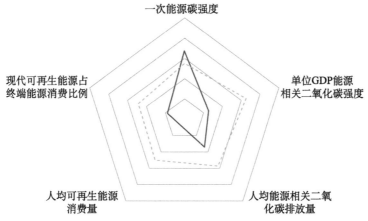

图 4-96 俄罗斯低碳发展三级指标得分雷达图

图中红色实线为俄罗斯各指标得分，绿色虚线为 G20 国家各指标平均得分

安全发展领先优势明显，如图 4-97 所示。得益于其丰富的油气资源，俄罗斯是全球主要的能源出口国。但俄罗斯一次能源和电力结构相对较为单一，导致一次能源和电力供应多样性表现一般。

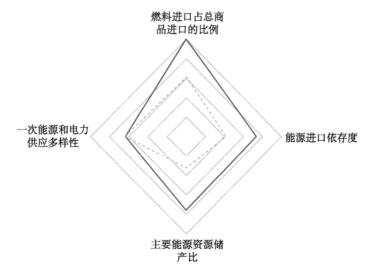

图 4-97 俄罗斯能源安全发展三级指标得分雷达图

图中红色实线为俄罗斯各指标得分，绿色虚线为 G20 国家各指标平均得分

高效发展指标处于中下游水平，如图 4-98 所示。俄罗斯经济发展对能源的依赖程度较高，多年来并未得到有效改善。2017～2019 年，俄罗斯核电容量因子接近 80%，与美国、巴西、中国存在不少差距。此外，其输配电损耗

超过 9%，输配电效率相对较低。

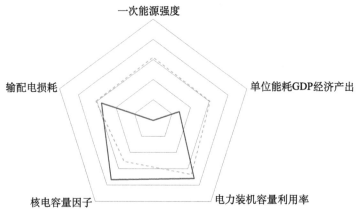

图 4-98　俄罗斯高效发展三级指标得分雷达图

图中红色实线为俄罗斯各指标得分，绿色虚线为 G20 国家各指标平均得分

第十节　巴西

一、国家概况

巴西位于南美洲东部，面积 851.49 万平方千米，2020 年人口 2.1 亿[①]，人均 GDP 为 6796.84 美元（2020 年现价美元）[②]。巴西是石油、天然气和生物燃料的重要生产国，丰富的水电支撑着巴西全国 3/4 的电量供应，生物燃料供应体系全球领先，在当前仍然以化石能源为主的世界能源供应格局中，巴西继续保持着可再生能源消费第一大国地位。巴西在能源行业建立了比较成熟的综合创新生态系统，可再生能源结构优化取得显著成效，是全球仅次于中国和美国的第三大可再生能源市场。其中，可再生能源占一次能源供应总量比例达 46.1%，用于交通运输（乙醇）和用于供热发电（甘蔗渣）的甘蔗产品所提供

---

① 巴西国家概况. https://www.fmprc.gov.cn/web/gjhdq_676201/gj_676203/nmz_680924/1206_680974/1206x0_680976/[2022-02-14].

② 人均 GDP（现价美元）- Brazil. https://data.worldbank.org.cn/indicator/NY.GDP.PCAP.CD?locations=BR[2022-02-14].

的能源占能源供应总量的 18%①。

联合国可持续发展目标跟踪调查数据显示，巴西 2018 年一次能源强度为 93.85 吨标油 / 百万美元（按 2011 年购买力平价），人均可再生能源消费量为 0.29 吨标油，非化石能源发电量占比达 39.34%②。国际能源署统计数据显示，巴西 2018 年一次能源碳强度达 1.42 吨二氧化碳 / 吨标油，单位 GDP 能源相关二氧化碳强度为 0.13 千克二氧化碳 / 美元（按 2015 年购买力平价），人均能源相关二氧化碳排放量为 1.94 吨二氧化碳③。

二、评价结果

巴西 ETII 处在 G20 国家居中位置，其中创新成效维度指标处于 G20 国家领先位置，其他维度指标位置靠后，如图 4-99 所示。

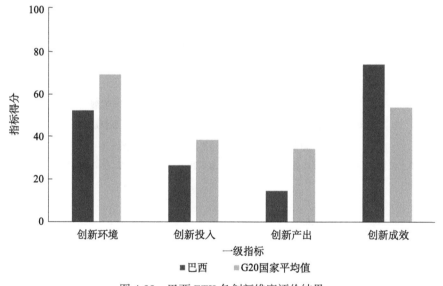

图 4-99 巴西 ETII 各创新维度评价结果

---

① Brazilian Energy Balance 2020. https://www.epe.gov.br/sites-en/publicacoes-dados-abertos/publicacoes/PublicacoesArquivos/publicacao-217/SUMMARY%20REPORT%202020.pdf[2022-02-14].

② 数据源自 SDG Indicators Database，网址为 https://unstats.un.org/sdgs/dataportal/database.

③ 数据源自 Key World Energy Statistics，网址为 https://www.oecd-ilibrary.org/energy/key-world-energy-statistics_22202811.

　　巴西在 14 个二级指标中，低碳发展指标处于领先位置，清洁发展、安全发展表现突出，但其他指标表现低于 G20 国家平均水平，如图 4-100 所示。

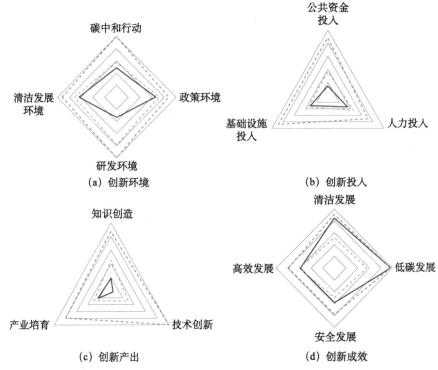

图 4-100　巴西 ETII 二级指标得分雷达图

图中橙色虚线为 G20 国家最大值，绿色虚线为 G20 国家平均值，红色实线为巴西得分

三、创新维度分析

1. 创新环境

（1）碳中和行动与政策环境

　　经历了两次石油危机后，巴西认识到单一能源体系的脆弱性，将丰富能源供应体系、降低进口石油的战略目光逐步转移到本国富饶的生态资源上。一方面，巴西利用自身盛产甘蔗等生物原料的独特优势，开启了"生物燃料革命"；另一方面，进一步加快了水电发展的步伐，并开发深海石油资源。由此，巴西形成了突出生态特征的能源战略，不仅成功扭转了其对进口石油的依赖，由

"贫油国"变为"富油国",基本实现了能源独立;而且优化了本国能源结构,促进了能源清洁化、多元化的发展。

巴西矿产能源部(Ministério de Minas e Energia,MME)以《十年能源扩张计划》[①]作为中期能源规划政策,2022年发布了最新版本的《2031年能源扩张计划》[②],规划至2026年可再生能源在能源供应结构中的占比提升至50%,但同时也注重提高天然气供应结构,到2031年天然气供应占比增加2%提升至14%,可再生能源占比相应减少2%下降至48%,而石油供应占比下降至30%。该计划预计到2026年巴西终端能源消费总量将从2021年的2.61亿吨油当量上升至2.97亿吨油当量,并在2031年达到3.33亿吨油当量;单位GDP能源强度由2021年的0.062油当量/1000雷亚尔(按2010年购买力平价)下降至2031年的0.06。在电力方面,仍强调以可再生能源(水电、生物质、风能和太阳能等)为主导,电力消费量增长至792太瓦时(较2021年每年约增长3.5%)。

巴西矿产能源部于2007年公布了《2030年国家能源计划》[③],提出了到2030年巴西能源及电力结构目标。该计划提出,推动巴西能源多样化发展,到2030年四种能源(石油、水电、生物燃料和天然气)占国内能源供应比例达75%,可再生能源在能源供应中的占比保持在45%左右;石油生产将达到每天300万桶,石油和石油产品将占国家能源供应比例为30%左右;乙醇产量将达到约660亿升,继续减少对汽油的需求,减轻对环境的压力,甘蔗基生物燃料及其衍生物占比将达到18.5%。

2020年12月,巴西矿产能源部正式批准《2050年国家能源计划》[④],这是由巴西能源研究机构(Empresa de Pesquisa Energética,PEP)起草并经多次公开咨询确定的,标志着巴西政府从长期战略角度指导能源政策决策的承诺。在巨大的不可预测性背景下,《2050年国家能源计划》试图探索未来的替代方案,按照2015~2050年能源总需求低增长(年均增长1.4%)和高增长(年均增

① Plano Decenal de Expansão de Energia. https://www.epe.gov.br/pt/publicacoes-dados-abertos/publicacoes/plano-decenal-de-expansao-de-energia-pde[2022-02-11].

② Plano Decenal de Expansão de Energia 2031. https://www.epe.gov.br/pt/publicacoes-dados-abertos/publicacoes/plano-decenal-de-expansao-de-energia-2031[2022-02-11].

③ Plano Nacional de Energia - 2030. https://www.epe.gov.br/pt/publicacoes-dados-abertos/publicacoes/Plano-Nacional-de-Energia-PNE-2030[2022-02-11].

④ Plano Nacional de Energia-2050. https://www.epe.gov.br/pt/publicacoes-dados-abertos/publicacoes/Plano-Nacional-de-Energia-2050[2022-02-11].

长 2.2%）两种情景，对到 2050 年巴西能源需求结构的阶段性目标进行了规划。《2050 年国家能源计划》还定义了未来十年光伏技术将面临的最重要挑战，并分析在短期内将太阳能光伏发电纳入能源结构的可能性。

巴西在能源生产和消费方面的人均碳排放量是美国的 1/7，是欧盟或中国的 1/3 左右[1]。2015 年 12 月，巴西承诺到 2030 年减少 43% 的温室气体排放[2]。2020 年 12 月，巴西政府宣布于 2060 年实现气候中和（净零排放）[3]。同时，巴西更新了《国家自主贡献》方案，重申到 2030 年将温室气体净排放总量减少 43% 的承诺，并将 2025 年减少 37% 纳入碳排放轨迹，到 2030 年全面禁止非法毁林，重新造林 1200 万公顷，以及将可再生能源占全国能源供应比例提升至 45%[4]。2021 年 4 月，巴西总统博索纳罗在领导人气候峰会上宣布将碳中和期限提前至 2050 年[5]。在 2021 年 2 月彭博新能源财经发布的《G20 国家零碳政策记分牌》报告中，巴西排第 13 位，化石燃料去碳化排名靠前，而建筑、工业、循环经济部门表现较为一般。

（2）研发环境

巴西核与能源研究所（Instituto de Pesquisas Energéticas e Nucleares，IPEN）[6]是巴西能源领域主要的国家科研机构，是国家在能源和核能领域的主要技术支持机构。由于数据公开渠道受限等原因，巴西能源科研计划及研发资助机构等相关数据暂无渠道获取。

① Plano Nacional de Energia-2050. https://www.epe.gov.br/pt/publicacoes-dados-abertos/publicacoes/Plano-Nacional-de-Energia-2050[2022-02-11].

② Federative Republic of Brazil Intended Nationally Determined Contribution. https://www4.unfccc.int/sites/ndcstaging/PublishedDocuments/Brazil%20First/BRAZIL%20iNDC%20english%20FINAL.pdf[2022-02-11].

③ Brazil submits its Nationally Determined Contribution under the Paris Agreement. https://www.gov.br/mre/en/contact-us/press-area/press-releases/brazil-submits-its-nationally-determined-contribution-under-the-paris-agreement[2022-02-11].

④ Federative Republic of Brazil Intended Nationally Determined Contribution. https://www4.unfccc.int/sites/ndcstaging/PublishedDocuments/Brazil%20First/BRAZIL%20iNDC%20english%20FINAL.pdf[2022-02-11].

⑤ New momentum reduces emissions gap, but huge gap remains-analysis. https://climateactiontracker.org/press/new-momentum-reduces-emissions-gap-but-huge-gap-remains-analysis/[2022-02-11].

⑥ Instituto de Pesquisas Energéticas e Nucleares. https://www.ipen.br/[2022-02-14].

（3）清洁发展环境

在先进核能方面，巴西《2050 年国家能源计划》提出重启核电发展，并考虑在 2050 年前在全国范围内新建六座核电站，并投资 300 亿美元，但并未出台专门支持核能发展的战略计划。在氢能方面，巴西科技部于 2010 年便从经济、技术和环境的角度出发，提出参与"氢经济"竞赛的战略意义，以及提升氢能竞争力 2010 ～ 2025 年政策和技术方案[①]。

2. 创新投入

巴西创新投入力度一般，与发达经济体差距较大，与主要发展中经济体相比处于中间位置。

在公共资金投入指标上，巴西各项指标均表现一般，且低于 G20 国家平均值，如图 4-101 所示。2019 年，巴西能源公共研发经费总额达 3.7 亿美元，其投入强度与发达国家差距显著，稍高于澳大利亚。清洁能源公共研发经费占比和能源基础研究投入占比无相关数据。

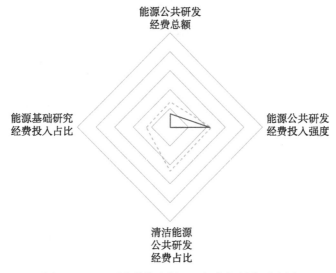

图 4-101　巴西公共资金投入三级指标得分雷达图

图中红色实线为巴西各指标得分，绿色虚线为 G20 国家各指标平均得分

① Hydrogênio energético no Brasil: Subsídios para políticas de competitividade: 2010-2025. https://www.cgee.org.br/documents/10195/734063/Hidrogenio_energetico_completo_22102010_9561.pdf/367532ec-43ca-4b4f-8162-acf8e5ad25dc?version=1.3 [2022-02-14].

　　在人力投入指标上，巴西万名就业人员中可再生能源从业人员数处于领先位置，其他指标均低于 G20 国家平均值，如图 4-102 所示。2019 年，巴西可再生能源就业人员达 115 万人，仅次于中国，但主要集中在水电行业，风能、太阳能从业人员占比不到 10%。此外，每百万人 R&D 人员（全时当量）数与发达国家差距明显。

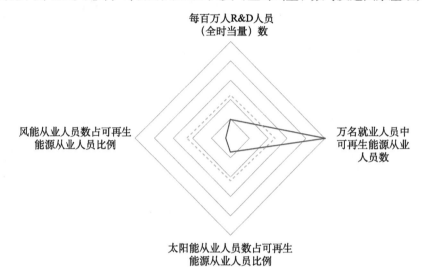

图 4-102　巴西人力投入三级指标得分雷达图

图中红色实线为巴西各指标得分，绿色虚线为 G20 国家各指标平均得分

　　在基础设施投入指标上，巴西总体布局较为缓慢、投入力度亦明显不足，如图 4-103 所示。由于其电动汽车总量不到 5000 辆，相对而言其电动汽车车桩比居于领先位置；同时，输电网建设具有一定成效。

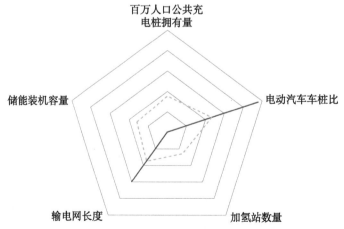

图 4-103　巴西基础设施投入三级指标得分雷达图

图中红色实线为巴西各指标得分，绿色虚线为 G20 国家各指标平均得分

3. 创新产出

由于巴西较低水平的创新投入，其创新产出效能较低，居 G20 国家中下游水平。

在知识创造指标上，巴西表现如图 4-104 所示。巴西能源科技论文发文总量、单位 GDP 和人均能源科技论文发文量以及 TOP 1% 高被引能源科技论文均处于中下游水平；在技术创新指标上，巴西能源领域五方专利申请量和 PCT 专利申请量处于中游水平，与同为发展中国家的印度差距较小。

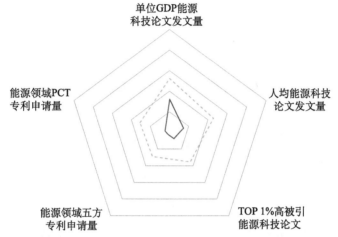

图 4-104　巴西知识创造、技术创新三级指标得分雷达图

图中红色实线为巴西各指标得分，绿色虚线为 G20 国家各指标平均得分

在产业培育指标上，巴西仅可再生能源投资总额（不含大水电）、可再生能源装机总量（不含水电）、可再生能源国家吸引力指数在 G20 国家平均水平之上，如图 4-105 所示。

4. 创新成效

巴西在创新成效上表现强劲，处于 G20 国家领先位置，这得益于其在水电、核电、生物燃料等清洁能源上的快速发展。

清洁发展指标处于靠前位置，如图 4-106 所示，仅次于加拿大。巴西是全球第二大生物燃料生产和消费国，其人均生物燃料产量仅次于美国；可再生能源发电量及人均可再生能源发电量均处于靠前位置，非化石能源发电量占比达 76%，仅次于法国、加拿大，且 PM$_{2.5}$ 浓度、空气污染致死率均低于大部分国家。

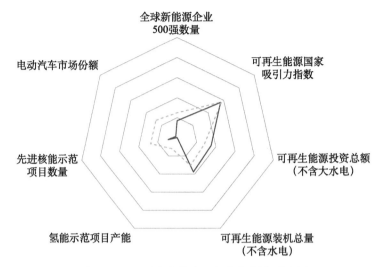

图 4-105　巴西产业培育三级指标得分雷达图

图中红色实线为巴西各指标得分，绿色虚线为 G20 国家各指标平均得分

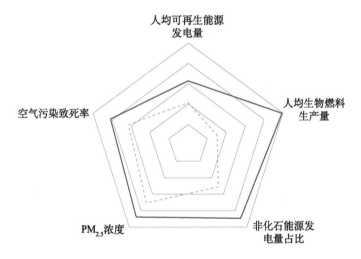

图 4-106　巴西清洁发展三级指标得分雷达图

图中红色实线为巴西各指标得分，绿色虚线为 G20 国家各指标平均得分

低碳发展处于领先位置，如图 4-107 所示。巴西现代可再生能源占终端能源消费比例（42.3%）全球领先，一次能源碳强度、单位 GDP 能源相关二氧化碳强度、人均能源相关二氧化碳排放量、人均可再生能源消费量均排在前列，且优势显著。

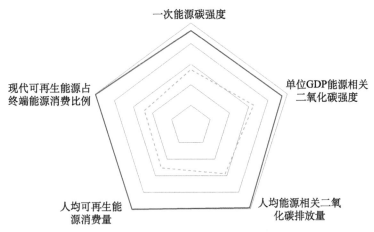

图 4-107　巴西低碳发展三级指标得分雷达图

图中红色实线为巴西各指标得分，绿色虚线为 G20 国家各指标平均得分

安全发展成效明显，如图 4-108 所示。巴西能源基本实现独立，石油为净出口国。一次能源供应结构相对合理，电力供应以水电为主。

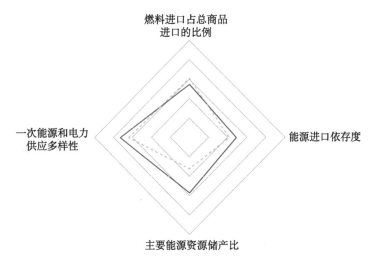

图 4-108　巴西能源安全发展三级指标得分雷达图

图中红色实线为巴西各指标得分，绿色虚线为 G20 国家各指标平均得分

高效发展指标表现相对一般，如图 4-109 所示。巴西 2017 ～ 2019 年核电容量因子仅次于美国；但单位能耗 GDP 经济产出不高，居于中游水平；输配电效率极低，输配电损耗达 16.3%，仅强于印度的 17.7%，在 G20 国家中排名倒数第二。

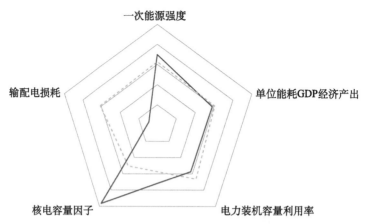

图 4-109　巴西高效发展三级指标得分雷达图

图中红色实线为巴西各指标得分，绿色虚线为 G20 国家各指标平均得分

第十一节　印度

一、国家概况

印度位于亚洲，面积约 298 万平方千米，人口 13.9 亿[1]，人均 GDP 为 1927.71 美元（2020 年现价美元）[2]。印度是世界第三大石油消费国，大约85% 的石油和 52.7% 的天然气消费来自进口，预计到 21 世纪 20 年代中期，印度石油消费增长率将超过中国[3]。就其人口而言，印度能源资源较为匮乏，人口占全球的 17%，但在天然气、石油和煤炭储量中所占比例分别仅为 0.6%、0.4% 和 7%。

联合国可持续发展目标跟踪调查数据显示，2018 年，印度一次能源强度

---

① 印度国家概况 . https://www.fmprc.gov.cn/web/gjhdq_676201/gj_676203/yz_676205/1206_677220/1206x0_677222/[2022-02-14].

② 人均 GDP（现价美元）-India. https://data.worldbank.org.cn/indicator/NY.GDP.PCAP.CD?locations=IN[2022-02-14].

③ Top Indian Oil Refiner Betting on Robust Future for Fossil Fuels.
https://www.bloomberg.com/news/articles/2021-07-23/top-indian-oil-refiner-betting-on-robust-future-for-fossil-fuels[2022-02-14].

为 104.59 吨标油 / 百万美元（按 2011 年购买力平价），人均可再生能源消费量为 0.11 吨标油，非化石能源发电量占比达 18.19%[1]。国际能源署统计数据显示，印度一次能源碳强度达 2.51 吨二氧化碳 / 吨标油，单位 GDP 能源相关二氧化碳强度为 0.23 千克二氧化碳 / 美元（按 2015 年购买力平价），人均能源相关二氧化碳排放量为 1.71 吨二氧化碳[2]。

二、评价结果

印度 ETII 处于中游水平，各维度表现一般，且均低于 G20 国家平均水平，创新成效处于靠后位置。相比于经济增速，印度在能源安全保障能力、基础设施建设和环境污染控制等方面的短板十分明显，如图 4-110 所示。

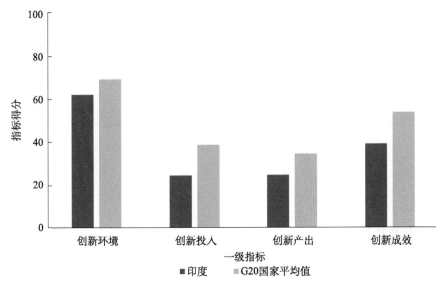

图 4-110　印度 ETII 各创新维度评价结果

印度在 14 项二级指标中，仅有基础设施投入、低碳发展、产业培育、政策环境、清洁发展环境五项指标高于 G20 国家平均水平，其他指标均低于平均水平，如图 4-111 所示。

---

[1]　数据源自 SDG Indicators Database，网址为 https://unstats.un.org/sdgs/dataportal/database.

[2]　数据源自 Key World Energy Statistics，网址为 https://www.oecd-ilibrary.org/energy/key-world-energy-statistics_22202811.

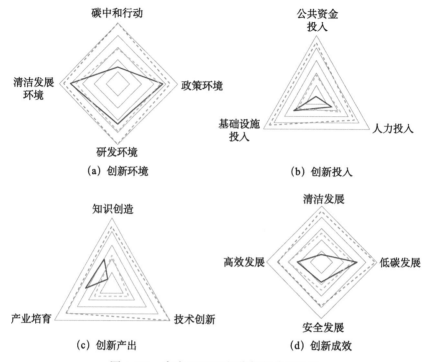

(a) 创新环境　　　　　　　　(b) 创新投入

(c) 创新产出　　　　　　　　(d) 创新成效

图 4-111　印度 ETII 二级指标得分雷达图

图中橙色虚线为 G20 国家最大值，绿色虚线为 G20 国家平均值，红色实线为印度得分

三、创新维度分析

1. 创新环境

（1）碳中和行动与政策环境

印度作为新兴市场典型代表国家，着力构建可负担、安全和清洁能源系统，保障公民用电、清洁烹饪一直是该国议程的重中之重。2000～2019年，印度约有 7.5 亿人用上了电，在实现联合国可持续发展目标上取得了重要进展。随着印度工业化进程的加快，能源需求和生态环境的矛盾会日益突出。

2006 年 8 月，印度发布了《综合能源政策》(Integrated Energy Policy)，涉及能源的各个方面，包括能源安全、可获取、可负担、能源效率和环境，旨在通过技术上有效、经济上可行和环境可持续的方式，确保以最低成本满足能

源需求 [1]，实现能源的自给自足，并保护环境免受能源利用的不利影响 [2]。

多年来，印度可持续发展目标的重点是消除贫困，能源政策旨在提高人均能源和电力的消费水平，但还是有约 3.04 亿人用不上电，约有 5 亿人仍依赖传统固体生物质烹饪，能源安全目标仍面临较大挑战。因此，在《综合能源政策》的基础上，2017 年印度国家研究院（NITI Aayog）制定了《国家能源政策草案》[3]，重新定义印度能源长期（2040 年）战略，为国家能源发展提供指导方针。《国家能源政策草案》提出，在 2018 年实现所有人口普查村电气化，到 2022 年实现全民电气化，电力接入达到"24×7"供电目标，制造业在 GDP 中所占的比重上升到 25%，石油进口在 2014～2015 年的水平上减少 10%，可再生能源装机容量实现 175 吉瓦；到 2030 年，非化石燃料发电量在电力结构中的占比达到 40% 以上；到 2040 年，能源需求减少 17%，人均能耗从 2014 年的近 521 千克油当量提高到 1055～1184 千克油当量，可再生能源将主导能源结构，其中 46%～52% 的电力装机容量将以太阳能和风能为主。此外，《国家能源政策草案》还提出采用洁净煤相关技术控制温室气体排放，加快发展核电和水电等。

为积极应对气候变化挑战，2008 年 6 月，印度政府启动了"国家气候变化行动计划"[4]，提出太阳能、能源效率、可持续栖息地、国家水资源、可持续喜马拉雅山脉生态系统、绿色印度、可持续农业、气候变化知识战略八项使命行动。在此基础上，印度鼓励各州政府制定其气候变化行动计划，并向各州提供了财政支持，以增强其开展气候变化应对能力 [5]。2014 年 1 月，印度内阁批准"气候变化行动计划"（Climate Change Action Programme，CCAP）[6]，其目

---

① Integrated Energy Policy Report of the Expert Committee. https://niti.gov.in/planningcommission.gov.in/docs/reports/genrep/rep_intengy.pdf[2022-02-14].

② Country Nuclear Power Profiles 2019 Edition. https://www-pub.iaea.org/MTCD/Publications/PDF/cnpp2019/countryprofiles/India/India.htm[2022-02-14].

③ Draft National Energy Policy. https://www.niti.gov.in/writereaddata/files/document_publication/NEP-ID_27.06.2017.pdf[2022-02-14].

④ National Action Plan on Climate Change. http://www.nicra-icar.in/nicrarevised/images/Mission%20Documents/National-Action-Plan-on-Climate-Change.pdf[2021-11-07].

⑤ Guidelines for funding State Action Plan on Climate Change (SAPCC) under Climate Change Action Programme (CCAP). https://dste.py.gov.in/sites/default/files/guidelinesforfundingsapcc.pdf[2021-09-18].

⑥ Climate Change- India's Perspective. http://164.100.47.193/intranet/CLIMATE_CHANGE-INDIA%27s_PERSPECTIVE.pdf[2021-09-18].

标是加强该国气候变化评估的科学分析能力，建立适当的科学政策倡议体制框架，并在可持续发展背景下实施与气候变化有关的行动。2016 年 10 月，印度提交了 2021～2030 年的《国家自主贡献》方案①，承诺到 2030 年将其 GDP 排放强度较 2005 年降低 33%～35%。2021 年 11 月，印度总理莫迪在《联合国气候变化框架公约》第 26 次缔约方大会上提出，印度将在 2070 年实现碳中和②，其气候承诺包括以下五点：到 2030 年，可再生能源将满足印度 50% 的能源需求；到 2030 年，将非石化燃料发电量提升至 500 吉瓦；到 2030 年，碳排放量预计将减少 10 亿吨；到 2030 年，碳强度降低 45% 以上；到 2070 年，实现碳中和。在 2021 年 2 月彭博新能源财经发布的《G20 国家零碳政策记分牌》报告中，印度排第 11 位，其工业、循环经济方面表现较差。

　　能源和电力被印度政府视为经济增长和实现高质量生活的关键要素，因此其着力构建完善的能源法律和监管体系。2003 年，印度法务部颁布了《电力法》③，对电力部门进行了深入改革，整合全国发电、输电和配电公司，并在各州建立了电力监管委员会，保障电力行业发展。2001 年，印度颁布了《节能法》，并在 2010 年进行了修订④，旨在降低印度经济的能源强度，规定了设备和电器的标准和能效标签，商业建筑、节能建筑规范，能源密集型行业能耗规范等监管要求。在能源管理体制上，印度设立有煤炭部、石油和天然气部、新能源与可再生能源部、原子能部、电力部等各行业国家管理部门，在监管制度上先后成立了能效管理局⑤、国家电力监管委员会⑥、中央电力管理局⑦、中央电力监管委员会⑧等多个部门，通过政府部门协作保障国家能源战略和政策的实

① Nationally Determined Contribution (NDC) Overview. https://www.climatewatchdata.org/countries/IND[2022-02-14].

② India's 5 Climate Commitments: PM Modi Makes 5 Commitments on Climate Action at COP26; India to be Carbon Neutral by 2070. https://www.republicworld.com/world-news/global-event-news/pm-modi-makes-5-commitments-on-climate-action-at-cop26-india-to-be-carbon-neutral-by-2070.html[2022-02-14].

③ The Electricity Act, 2003. http://www.cercind.gov.in/Act-with-amendment.pdf[2022-02-15].

④ Energy Conservation Act. https://climate-laws.org/geographies/india/laws/energy-conservation-act[2022-02-15].

⑤ Bureau of Energy Efficiency. https://www.beeindia.gov.in/[2021-09-21].

⑥ State Electricity Regulatory Commission. https://cercind.gov.in/serc.html[2021-09-21].

⑦ Central Electricity Authority. https://cea.nic.in/?lang=en[2021-09-21].

⑧ Central Electricity Regulatory Commission. http://www.cercind.gov.in/[2021-09-21].

施。此外，为提高石油安全，印度政府已优先考虑减少石油进口，增加国内石油勘探，通过实施《碳氢化合物勘探许可政策》[①]促进国内油气生产，并正在逐步建立专门的应急石油储备。

印度一直是"创新使命"组织的"使命挑战"技术合作研究计划和其他多边合作项目（包括国际能源署技术合作研究计划）的积极参与者。近年来，印度营商环境持续改善，世界银行发布的《营商环境 2020》报告显示，印度排名上升了 14 位，升至第 63 名。

（2）研发环境

近年来，印度清洁能源研发方面的投资显著增加，尤其是在"创新使命"组织框架下，提出五年内将研发经费翻一番。

印度的创新政策支持对推动能源技术发展至关重要。印度希望能源技术和能源创新成为"印度制造"制造业计划的重要动力。通过该计划，印度政府正在努力吸引全球公司在印度部署太阳能光伏、锂电池、充电基础设施和其他先进技术。印度政府正在加强在能源技术领域创新的努力，包括家庭制冷、电动出行、智能电网和先进的生物燃料。作为其气候政策议程的一部分，印度政府在包括太阳能、水电在内的许多政策领域都采用了基于任务分配的方法。但是，资金投入在政府及其国有企业中分布十分分散。

（3）清洁发展环境

尽管印度单位 GDP 的排放强度显著下降，中短期设定了可再生能源和电力目标，但向低碳转型的进展仍然充满挑战。根据世界银行 2020 年发布的"可持续能源监管"指数，印度能源效率、电气化监管表现较差，特别是在建筑和交通领域能效监管以及电力公用信誉上。此外，印度出台了相关政策支持先进核能、氢能、新能源汽车发展。

2. 创新投入

印度创新投入水平存在明显不足。在公共资金投入指标上，印度能源公共研发经费总额及能源公共研发经费投入强度均不足，与发达国家相比差距显

---

① Hydrocarbon Exploration and Licensing Policy (HELP)-A Win-Win approach. https://mopng.gov.in/en/exp-and-prod/help[2021-09-21].

著，且各项指标均落后于 G20 国家平均水平，如图 4-112 所示。在人力投入指标上，印度太阳能从业人员数占可再生能源从业人员比例超过 26%，其他指标均低于平均水平，如图 4-113 所示。在基础设施投入指标上，印度处于中等偏上水平，如图 4-114 所示。其中，输电网长度、电动汽车车桩比排名靠前，但百万人口公共充电桩拥有量、加氢站数量表现不足。

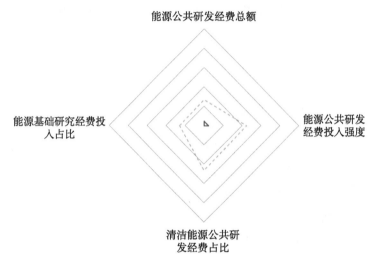

图 4-112　印度公共资金投入三级指标得分雷达图

图中红色实线为印度各指标得分，绿色虚线为 G20 国家各指标平均得分

图 4-113　印度人力投入三级指标得分雷达图

图中红色实线为印度各指标得分，绿色虚线为 G20 国家各指标平均得分

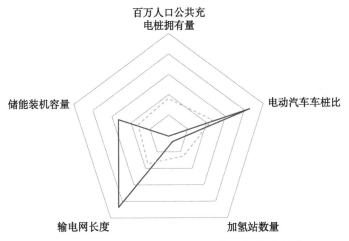

图 4-114　印度基础设施投入三级指标得分雷达图

图中红色实线为印度各指标得分，绿色虚线为 G20 国家各指标平均得分

3. 创新产出

印度创新产出表现处于中游水平，在发展中经济体中仅次于中国。在知识创造指标上的表现如图 4-115 所示。印度能源科技论文发文量仅次于中国、美国、德国，TOP 1% 高被引能源科技论文仅次于中国、美国、英国、澳大利亚和德国；但单位 GDP 和人均能源科技论文发文量排名靠后。技术创新指标表现一般，其中能源领域五方专利申请量和 PCT 专利申请量均处于中等偏下水平。

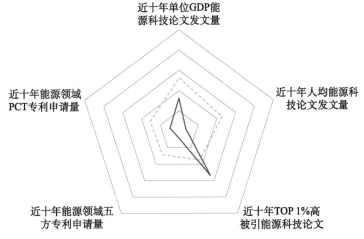

图 4-115　印度知识创造、技术创新三级指标得分雷达图

图中红色实线为印度各指标得分，绿色虚线为 G20 国家各指标平均得分

产业培育排在居中位置，如图 4-116 所示。印度可再生能源国家吸引力指数、可再生能源装机总量（不含水电）、可再生能源投资总额（不含大水电）排名相对靠前，先进核能示范项目数量、全球新能源企业 500 强数量居于中游水平。但印度电动汽车市场份额不到 0.1%，差距显著。

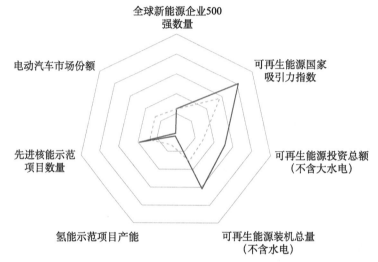

图 4-116   印度产业培育三级指标得分雷达图

图中红色实线为印度各指标得分，绿色虚线为 G20 国家各指标平均得分

4. 创新成效

印度创新成效整体表现较为靠后，仅高于南非和沙特阿拉伯。

清洁发展指标表现较差，如图 4-117 所示，仅高于沙特阿拉伯。印度非化石能源发电量占比、人均可再生能源发电量、人均生物燃料生产量均明显低于 G20 国家平均水平，且 $PM_{2.5}$ 浓度、空气污染致死率并未得到有效改善。

低碳发展指标处于相对靠前位置，如图 4-118 所示。近年来，印度人均能源相关二氧化碳排放量改善显著，居于领先位置，但一次能源碳强度、单位 GDP 能源相关二氧化碳强度仍较高；人均可再生能源消费量、现代可再生能源占终端能源消费比例均居于中游水平。

安全发展指标表现一般，如图 4-119 所示。其中，印度主要能源资源储产比表现较好，但一次能源和电力结构有待改善，能源和燃料对外依赖情况严重。

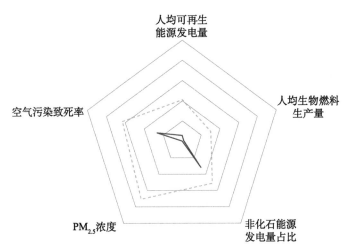

图 4-117　印度清洁发展三级指标得分雷达图

图中红色实线为印度各指标得分，绿色虚线为 G20 国家各指标平均得分

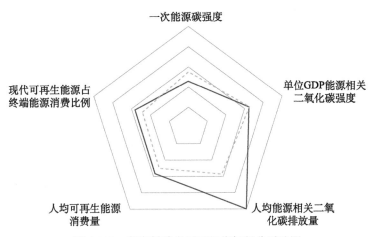

图 4-118　印度低碳发展三级指标得分雷达图

图中红色实线为印度各指标得分，绿色虚线为 G20 国家各指标平均得分

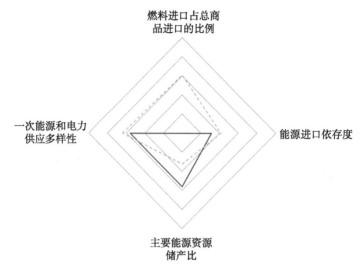

图 4-119　印度安全发展三级指标得分雷达图

图中红色实线为印度各指标得分，绿色虚线为 G20 国家各指标平均得分

高效发展指标表现明显不足，如图 4-120 所示，居 G20 国家末位。印度核电容量因子不到 70%，电力装机容量利用率和单位能耗 GDP 经济产出均表现一般；同时，输配电损耗达 17%，输配电效率极低，在 G20 国家中排名末位。

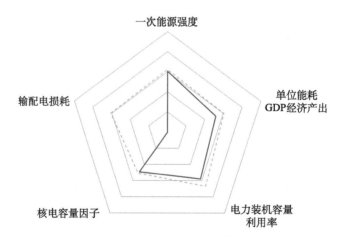

图 4-120　印度高效发展三级指标得分雷达图

图中红色实线为印度各指标得分，绿色虚线为 G20 国家各指标平均得分

第十二节　南非

一、国家概况

南非位于非洲大陆最南端，面积约 121.91 万平方千米，人口约 0.60 亿（南非统计局 2020 年年中估计数）[1]，人均 GDP 为 5655.87 美元（2020 年现价美元）[2]。"富煤炭、少油气、缺水能"的能源资源禀赋导致南非一直保持以煤为主的能源结构（占比近 80%），其煤炭依赖度高、基础设施薄弱、电力短缺等问题较为突出[3]。

联合国可持续发展目标跟踪调查数据显示，2018 年，南非一次能源强度为 183.88 吨标油 / 百万美元（按 2011 年购买力平价），人均可再生能源消费量为 0.10 吨标油，非化石能源发电量占比达 10.93%[4]。国际能源署统计数据显示，南非一次能源碳强度达 3.19 吨二氧化碳 / 吨标油，单位 GDP 能源相关二氧化碳强度为 0.57 千克二氧化碳 / 美元（按 2015 年购买力平价），人均能源相关二氧化碳排放量为 7.41 吨二氧化碳[5]。

二、评价结果

南非 ETII 处于 G20 国家靠后位置，且与其他 BRICS 国家均存在一定差距。南非以能源业为突破口，通过"全民战略"，鼓励分布式可再生能源发展，在

[1] 南非国家概况. https://www.fmprc.gov.cn/web/gjhdq_676201/gj_676203/fz_677316/1206_678284/1206x0_678286/[2022-02-14].

[2] 人均 GDP（现价美元）-South Africa. https://data.worldbank.org.cn/indicator/NY.GDP.PCAP.CD?locations=ZA[2022-02-14].

[3] The Carbon Brief Profile: South Africa. https://www.carbonbrief.org/the-carbon-brief-profile-south-africa[2021-12-27].

[4] 数据源自 SDG Indicators Database，网址为 https://unstats.un.org/sdgs/dataportal/database.

[5] 数据源自 Key World Energy Statistics，网址为 https://www.oecd-ilibrary.org/energy/key-world-energy-statistics_22202811.

大能源供给体系的基础上实现区域能源自给，从全民层面协助解决能源短缺问题。此外，南非在分布式能源的研发和建设等方面予以资助，通过税收和补贴等手段加速二次能源转型，但效果却并不理想。

与 G20 国家平均水平相比，南非除创新环境维度接近平均水平外，在创新投入、创新产出、创新成效维度上均存在明显差距，如图 4-121 所示。

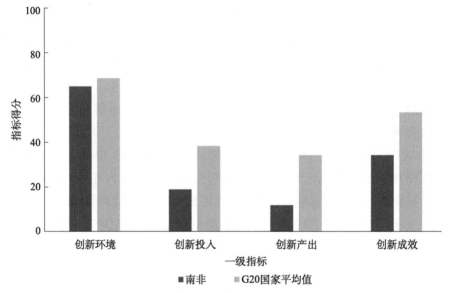

图 4-121　南非 ETII 各创新维度评价结果

在 14 个二级指标中，南非仅研发环境高于 G20 国家平均值，其他指标均低于 G20 国家平均值，尤以技术创新和产业培育差距显著，如图 4-122 所示。

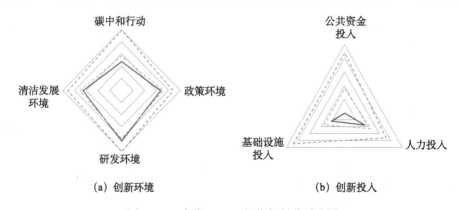

图 4-122　南非 ETII 二级指标得分雷达图

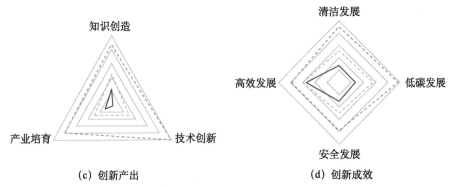

(c) 创新产出　　　　　　　　　　(d) 创新成效

图 4-122　南非 ETII 二级指标得分雷达图（续）

图中橙色虚线为 G20 国家最大值，绿色虚线为 G20 国家平均值，红色实线为南非得分

三、创新维度分析

1. 创新环境

在经历 1994 年能源危机与转型后，南非制定了国家基本能源政策——《国家能源政策》（National Energy Policy 1998）[①]，确保向民众提供可持续、可负担的各种能源，以支持经济增长和消除贫困，即"全民战略"。

（1）碳中和行动与政策环境

南非是全球第 14 大温室气体排放国，对化石燃料高度依赖，其二氧化碳排放主要来自煤炭。因此，南非政府将气候变化视为对该国及其社会经济发展的重大威胁。2011 年，南非便发布了《国家气候变化应对政策白皮书》（National Climate Change Response Policy White Paper），制定国家应对气候变化行动计划方案，积极为全球温室气体治理努力做出贡献[②]。该政策为过去十年来南非应对气候变化政略提供了清晰的指导思路，并推进向低碳绿色经济的过渡。2018 年 6 月，南非政府颁布的《国家气候变化法》（National Climate

---

① White Paper on the Energy Policy of the Republic of South Africa. http://www.energy.gov.za/files/policies/whitepaper_energypolicy_1998.pdf[2021-12-27].

② National Climate Change Response White Paper. http://www.sanbi.org/sites/default/files/documents/documents/national-climate-change-response-white-paper.pdf[2021-12-27].

Change Bill）①成为国家应对气候变化的立法基础，其目的是建立有效的气候变化应对措施，并确保实现向适应气候变化的低碳经济和社会过渡的长期目标。此外，南非环境事务部还制定了《国家污染防治计划条例》（National Pollution Prevention Plan Regulations）②，规定了国家温室气体排放制度，进一步加强碳排放治理保障。

在多年气候变化方面工作的基础上，2020 年 2 月，南非政府发布了《国家低排放发展战略2050》③，这一愿景将有助于推动政府计划和政策的协调，并已提交最新《国家自主贡献》方案。该战略提出，南非将继续遵循低碳增长的轨迹，加强对气候变化的应对措施，与《巴黎气候协定》的目标保持一致，并将碳中和发展提上日程，作为 2050 年实现净零排放经济增长之旅的开端。在 2021 年 2 月彭博新能源财经发布的《G20 国家零碳政策记分牌》报告中，南非排第 13 位，除电力部门外，化石燃料去碳化、交通、建筑、工业、循环经济等部门政策力度较弱。

在可再生能源领域，南非矿产与能源部（Department of Mineral Resources and Energy）2003 年发布了《可再生能源政策》（Renewable Energy Policy）④，作为国家能源政策的补充，阐述了南非政府推动发展可再生能源的愿景、政策原则和战略目标，促进可再生能源融入主流能源经济，扩大生物质、风能、太阳能和小型水电等新技术发展。

在能源领域，南非政府顺应世界能源发展趋势，进行了第二次能源转型，主要是对可再生能源开发利用和煤炭依赖型能源发展模式转变的态度明显转向强硬⑤。2003 年南非政府批准了《国家综合能源计划》（National Integrated

---

① Minister Edna Molewa published National Climate Change Bill for public comment. https://www.environment.gov.za/mediarelease/molewa_publishes_nationalclimatechangebillforpubliccomment[2021-12-27].

② National Pollution Prevention Plan Regulations are now in place. https://polity.org.za/article/national-pollution-prevention-plan-regulations-are-now-in-place-2017-08-02[2021-12-27].

③ SOUTH AFRICA'S LOW-EMISSION DEVELOPMENT STRATEGY 2050. https://www.environment.gov.za/sites/default/files/docs/2020lowemission_developmentstrategy.pdf[2021-12-27].

④ Renewable Energy Policy of the Republic of South Africa. https://www.gov.za/sites/default/files/gcis_document/201409/261691.pdf[2021-12-27].

⑤ 南非能源战略——全民能源（世界能源风向）. http://paper.people.com.cn/zgnyb/html/2019-03/04/content_1912081.htm[2021-12-27].

Energy Plan），并在 2012 年、2015 年进行了更新，其目的是制定南非未来能源战略的路线图，指导能源领域基础设施投资和政策发展。

为解决电力供应不足的难题，南非 1994 年批准并于 2001 年正式实施《国家综合电气化计划》[1]，以实现电力向包括农村在内的所有地区普及，即"全民用电"。在此基础上，2013 年南非政府批准了新的《家庭电气化战略》（Household Electrification Strategy）[2]，设定了长期的发展目标，即到2025年约90% 的家庭实现电气化。

为加快电力转型，2010 年，南非矿产与能源部出台了《电力综合资源计划》[3]，详细制定了到 2030 年核能、煤炭、天然气和可再生能源等发展目标，旨在确保能源供应安全，同时最大限度地降低供应成本、用水量和环境影响，作为《南非国家发展计划 2030》（National Development Plan 2030）的重要组成部分，取代了《电力能源安全总体计划2007-2025》[4]，勾勒出了未来20年南非电力发展蓝图。2018 年更新的《综合资源计划》（Integrated Resource Plan）[5]将计划期限延长至 2050 年，提出向天然气和可再生能源发展转变，增加煤炭、水力、太阳能、风能和天然气的产能，到 2030 年达到煤炭占 46%、天然气占 16%、风能占 15% 和太阳能占 10%。尽管煤炭将在数十年内继续发挥作用，但该计划将不会在 2030 年以后建立新的煤电厂，到 2040 年减少 70% 的产能，到 2050 年关闭 4/5 的产能。此外，核电也将作为南非长期考虑的清洁能源。2019年更新的《综合资源计划》[6]详细说明了南非的脱碳努力以及2030年能源结构路线图，提出将持续降低煤炭在能源供应结构中的占比，稳定增加可再生能源发电装机容量，大幅度降低光伏、风电等清洁技术成本。该计划提

---

[1] Integrated National Electrification Programme. http://www.energy.gov.za/files/INEP/inep_overview.html[2021-12-27].

[2] Department of Energy IEP Planning Report Workshop：Overview of Universal Energy Access Strategy. http://www.energy.gov.za/files/IEP/EastLondon/INEP-IEP.pdf[2021-12-27].

[3] Integrated Resource Plan for Electricity. http://www.energy.gov.za/IRP/irp%20files/INTEGRATED_RESOURCE_PLAN_ELECTRICITY_2010_v8.pdf[2022-01-17].

[4] Energy Security Master Plan-Electricity 2007-2025. https://www.gov.za/sites/default/files/gcis_document/201409/energysecmasterplan0.pdf[2021-12-27].

[5] Request for Comments: Draft Integrated Resource Plan 2018. http://www.energy.gov.za/IRP/irp-update-draft-report2018/IRP-Update-2018-Draft-for-Comments.pdf[2021-12-27].

[6] Integrated Resource Plan（IRP2019）.http://www.energy.gov.za/IRP/2019/IRP-2019.pdf[2021-12-27].

出到 2030 年，由于可再生能源电力成本的大幅降低，将新增 6 吉瓦光伏装机容量和 14.4 吉瓦风电装机容量，共占全部新增装机容量的 87%，可再生能源发电装机容量占比将达到 46%，加上核电和气电，清洁能源发电装机容量占比将达到 56.46%，而煤电装机容量占比则降至 43%。

为进一步提升能源使用效率，南非政府于 2005 年发布了首个《国家能效战略》（National Energy Efficiency Strategy）[①]，目的是在 10 年内将经济发展能源强度降低 12%。在成功实践的基础上，2015 年南非出台了《2015 年后国家能效战略》[②]，旨在通过财政激励措施、健全的法律和监管框架等一系列政策，进一步改善能源效率低下的现状，由此促进未来经济高效增长。该战略设定了长期的发展愿景和目标，到 2030 年全社会经济减少终端能源消耗 29%，工业领域减少 15%，公共和商业领域减少 37%，农业领域减少 30%，交通领域减少 39%。

在能源法律法规与监管上，2008 年南非颁布了《国家能源法》[③]，以保障提供可负担、可持续的能源。2004 年，南非政府出台了《国家能源监管法》（National Energy Regulator Act）[④]，提出建立集中模式的能源监管机构，对电力、管道天然气和石油管道等行业进行统一监管，并在 2011 年进行修订。根据《国家能源监管法》的规定，南非成立了国家能源监管局[⑤]，作为独立法人机构，负责《电力监管法 2006》（Electricity Regulation Act 2006）、《天然气法 2001》（Natural Gas Act 2001）和《石油管道法》（The Petroleum Pipeline Act）的执行[⑥]。《电力监管法》[⑦]建立了电力供应行业的国家监管框架，国家能源监管

① Overview on the National Energy Efficiency Strategy（NEES）. http://www.energy.gov.za/files/IEP/DurbanWorkshop/Overview-on-the-National-Energy-Efficiency-Strategy.pdf[2021-12-27].

② Post- 2015 National Energy Efficiency Strategy. https://cer.org.za/wp-content/uploads/2017/01/National-Energy-Efficiency-Strategy.pdf[2021-12-27].

③ National Energy Act. http://www.energy.gov.za/files/policies/NationalEnergyAct_34of2008.pdf[2021-12-27].

④ No. 40 of 2004: National Energy Regulator Act, 2004. http://www.energy.gov.za/files/policies/National%20Energy%20Regulator%20Act%2040%20of%202004.pdf[2021-12-27].

⑤ National Energy Regulator of South Africa.https://www.nersa.org.za/[2021-12-27].

⑥ About us.https://www.nersa.org.za/our-profile/[2021-12-27].

⑦ No. 4 of 2006:Electricity Regulation Act,2006. http://www.energy.gov.za/files/policies/ELECTRICITY%20REGULATION%20ACT%204%20OF%202006.pdf[2021-12-27].

局成为实际执行者，并规定了发电、输电、配电、贸易及电力进出口等管理方式。不过，在世界银行 2020 年发布的"可持续能源监管"指数中，南非能源效率、电气化监管表现一般，特别是在建筑能效与法规、微电网框架、电力系统稳定性等方面。

近年来，南非越来越多地参与到了国际性事务当中，并积极参与各类能源国际合作。除积极主导参与非洲范围内的南部非洲发展共同体（Southern African Development Community，SADC）和非洲发展新伙伴计划（New Partnership for Africa's Development，NEPAD）等，还广泛与德国①等发达国家联合开展技术合作，并参与了 8 项国际能源署技术合作研究计划。

（2）研发环境

南非是非洲大陆工业化程度最高的国家之一，在能源研发创新体系上也初具成效。科学与创新部（Department of Science and Innovation）是南非能源研发创新的主要资助部门，并将能源作为主要新兴重点领域支持方向②。2020 年，南非国家创新咨询委员会（National Advisory Council on Innovation，NACI）发布的《南非科技创新展望预见报告 2030》，从 80 个领域中遴选出 9 个重点领域，涵盖与能源领域紧密相关的循环经济和可持续能源两个方向，作为"南非科技创新十年规划"的重要参考③。

根据《国家能源法》，南非 2011 年成立了国家能源发展研究所④，旨在指导、监督南非能源研究与开发、示范和部署，促进能源研究和技术创新。该机构下设可再生能源、清洁化石燃料、清洁交通、智能电网、能源工作、数据与知识管理六个主要领域的计划，以此致力于降低技术成本、促进低碳绿色发展

---

① German development cooperation with South Africa. https://southafrica.diplo.de/sa-en/04_News/-/2220644[2021-12-27].

② Technology Innovation. https://www.dst.gov.za/index.php/about-us/programmes/technology-innovation[2021-12-27].

③ South Africa Foresight Exercise for Science, Technology and Innovation. https://www.dst.gov.za/index.php/media-room/latest-news/3010-south-africa-foresight-exercise-for-science-technology-and-innovation[2021-12-27].

④ SANEDI:South African National Energy Development Institute. https://www.sanedi.org.za/img/About%20SANEDI.pdf[2021-12-27].

和提升能源效率等。

此外，在联合国工业发展组织（United Nations Industrial Development Organization，UNIDO）的资助下，南非矿产与能源部联合贸易与工业部启动了"工业能效改进计划"[①]，旨在促进南非能源可持续转型，加强国家能源安全。南非国家发展金融机构工业发展公司（South African Industrial Development Corporation，IDC）设立了非洲开发基金（African Development Fund，AFD）作为绿色能源基金支持能源创新发展，为南非小规模可再生能源、能效项目及绿色产品制造提供资金资助[②]。

（3）清洁发展环境

随着《综合资源计划》、《国家综合能源计划》和《国家综合电气化计划》等政策的有效实施，南非清洁能源得到有效支持和发展。南非是非洲核电发展的"先锋"，是唯一拥有核能发电能力的非洲国家。虽然并未制定专门的核能发展战略，但南非2011年发布的《综合资源计划》提出，到2030年前要将其核电装机容量提升到9.6吉瓦，核能发电量占比将达14%。不过，其间多次核泄漏事故导致核电计划频频受阻，2013年、2016年几经修改的《综合资源计划》均遭否决，直到2019年《综合资源计划》修订案的最终通过，核电计划才得以重启，但规划目标仍待国会进一步商讨。

受到近年全球氢能热潮影响，南非也在积极布局氢能产业，并被南非科学与创新部列为十年创新计划的五个优先领域或重大挑战之一[③]。为此，南非科学与创新部开展了为期15年的"国家氢能与燃料电池技术研究、开发与创新计划"（National Hydrogen Energy and Fuel Cell Technology Research, Development and Innovation Plan）[④]，旨在利用南非在铂储量上的全球优势地位，

---

① Industrial Energy Efficiency Improvement Project. https://www.unido.org/sites/default/files/2011-12/IEE%20BROCHURE-22%2022%2022%20signoff%20for%20print_0.pdf[2021-12-27].

② AFD Green Energy Fund. https://www.idc.co.za/afd-green-energy-fund[2021-12-27].

③ A South African Research Infrastructure Roadmap. https://www.dst.gov.za/images/pdfs/SARIR%20Report%20Ver%202.pdf[2021-12-27].

④ HYDROGEN and fuel cell technologies in South Africa. https://www.hysa-padep.co.za/wp-content/uploads/2015/06/Hydrogen-and-fuel-cell-technologies-in-SA.pdf[2021-12-27].

目标是到 2020 年供给全球氢能与燃料电池市场催化剂需求的 25%，并基于现有技术开发具有成本竞争力的氢能发电，建立氢能和燃料电池研究的分布式基础设施。2020 年，南非政府开始制定氢经济路线图，引领南非迈向氢能社会[①]。

由于人口密度低，交通运输是南非能源消耗和碳排放的主要领域，因此南非是较早支持电动汽车发展的国家之一[②]。为积极引导电动汽车快速发展，南非政府成立了电动汽车工业协会，以推广电动汽车技术。2013 年，南非制定了电动汽车产业路线图[③]，规定了在"汽车生产与发展计划"（Automobile Production and Development Plan）框架下电动汽车激励和税收措施，鼓励在公共采购中优先引入电动汽车，以促进交通领域绿色化发展。同时，南非提交的《国家自主贡献》方案中也制定了发展目标，到 2030 年混合动力电动汽车销量占比达 20%[④]。不过，与中国、美国、法国等主要国家相比，南非电动汽车政策力度显得较为薄弱。

2. 创新投入

南非创新投入维度整体表现一般，与大部分国家差距明显。需要说明的是，其公共资金投入存在数据缺失情况。

人力投入力度较弱，如图 4-123 所示。南非可再生能源就业主要集中在太阳能领域。基础设施投入则明显不足，如图 4-124 所示，其中仅电动汽车车桩比表现靠前，但与其发展规模基数较低有关。

① South African govt initiates process of developing societal hydrogen roadmap. https://www.polity.org.za/article/south-african-govt-initiates-process-of-developing-societal-hydrogen-roadmap-2020-07-07[2021-12-27].

② Mainstream electric vehicles adoption may become a reality sooner than expected. https://www.dailymaverick.co.za/article/2020-05-03-mainstream-electric-vehicles-adoption-may-become-a-reality-sooner-than-expected/[2021-12-27].

③ The dti to launch the electric vehicle industry road map. https://www.gov.za/dti-launch-electric-vehicle-industry-road-map[2021-12-27].

④ South Africa's Intended Nationally Determined Contribution (INDC) . https://www4.unfccc.int/sites/ndcstaging/PublishedDocuments/South%20Africa%20First/South%20Africa.pdf[2021-12-27].

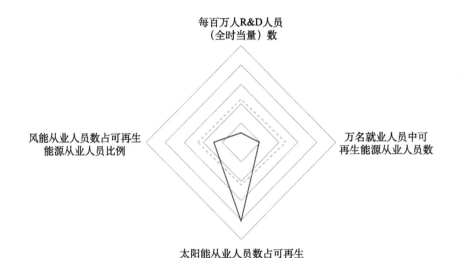

图 4-123　南非人力投入三级指标得分雷达图

图中红色实线为南非各指标得分，绿色虚线为 G20 国家各指标平均得分

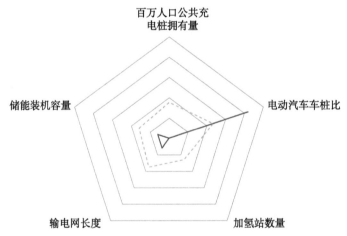

图 4-124　南非基础设施投入三级指标得分雷达图

图中红色实线为南非各指标得分，绿色虚线为 G20 国家各指标平均得分

3. 创新产出

创新投入上的不足，导致南非创新产出处于靠后位置，如图 4-125 和图 4-126 所示。在知识创造上，南非单位 GDP 能源科技论文发文量居于中游水平，其他指标则存在明显差距；在技术创新上，南非能源领域专利产出数量较

少，排在靠后位置；在产业培育上，南非各项指标较 G20 国家平均水平有明
显差距，特别是氢能产业发展滞后。

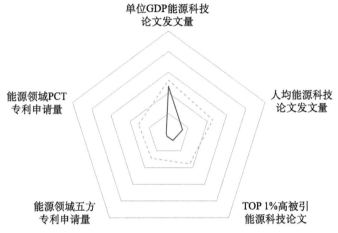

图 4-125 南非知识创造、技术创新三级指标得分雷达图

图中红色实线为南非各指标得分，绿色虚线为 G20 国家各指标平均得分

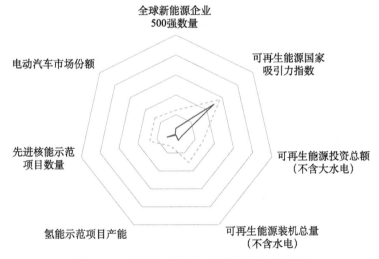

图 4-126 南非产业培育三级指标得分雷达图

图中红色实线为南非各指标得分，绿色虚线为 G20 国家各指标平均得分

4. 创新成效

南非创新成效维度表现居 G20 国家末位，其中清洁发展、低碳发展、安

全发展、高效发展均较 G20 国家平均水平存在较大差距。

清洁发展各项指标低于平均水平。低碳发展指标处于靠后位置，除人均能源相关二氧化碳排放量、人均可再生能源消费量，南非各项指标均明显低于 G20 国家平均水平，如图 4-127 和图 4-128 所示。

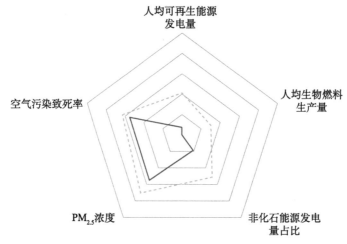

图 4-127　南非清洁发展三级指标得分雷达图

图中红色实线为南非各指标得分，绿色虚线为 G20 国家各指标平均得分

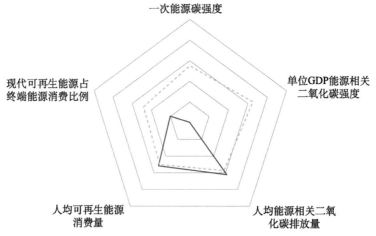

图 4-128　南非低碳发展三级指标得分雷达图

图中红色实线为南非各指标得分，绿色虚线为 G20 国家各指标平均得分

南非能源安全体系构建较为落后，如图 4-129 所示。南非的燃料和能源对外依存度比较严重，一次能源和电力供应结构相对较为单一，煤炭占据主导位置。

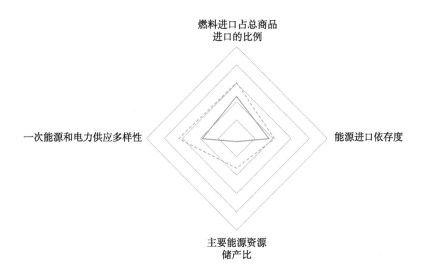

图 4-129 南非安全发展三级指标得分雷达图

图中红色实线为南非各指标得分，绿色虚线为 G20 国家各指标平均得分

高效发展指标处于中游水平，如图 4-130 所示。南非是世界上能源密集度最高的经济体之一，单位 GDP 能源消耗达全球平均水平的两倍以上。此外，南非电力装机容量利用率领先于其他国家，核电容量因子具有一定的优势。

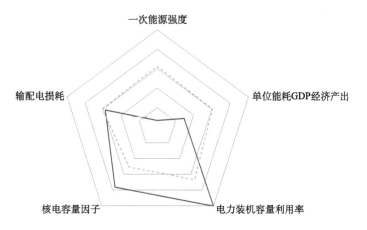

图 4-130 南非高效发展三级指标得分雷达图

图中红色实线为南非各指标得分，绿色虚线为 G20 国家各指标平均得分

第五章

结论和启示

第一节　结论

能源是人类社会生存发展的重要物质基础，攸关国计民生和国家战略竞争力。当前，全球油气秩序重构，能源格局深刻调整，能源结构持续优化，应对全球气候变化、推进能源转型已成为国际社会和能源行业共识，以碳中和为核心的绿色低碳转型大潮正加速形成。本书结合国际能源科技发展态势与我国能源革命的背景，以能源科技创新为主题，以 G20 国家为评价对象，构建了一套科学、合理、涵盖能源科技创新链各环节的评价指标体系。主要结论如下：

1）受资源禀赋、经济发展、科技创新、政策支持、战略布局等多种因素影响，G20 国家能源科技创新差距鸿沟明显。从综合评价结果来看，发达国家整体表现强于发展中国家，除中国以外排名前十位的国家皆为发达国家。从创新维度分布特征来看，可将 19 个 G20 国家分为 5 种创新类型：第一方阵为创新引领国，仅有美国；第二方阵为创新先进国，包括德国、法国、中国、日本、英国、韩国、加拿大；第三方阵为创新成长国，包括意大利、澳大利亚；第四方阵为创新潜力国，包括墨西哥、巴西、印度、土耳其、俄罗斯、南非、阿根廷；第五方阵为创新滞后国，包括印度尼西亚、沙特阿拉伯。

2）发达经济体、发展中经济体能源科技创新能力整体水平大相径庭，美国、中国各自领跑优势显著。以 G7 国家为代表的发达经济体积极实施和调整能源科技战略，抢占能源科技革命和产业变革的战略制高点，推动全球清洁技术和能源版图的革新，并逐步实现经济发展与能源脱钩。以 BRICS 国家为代表的发展中经济体整体竞争乏力，经济发展仍处于依赖化石能源的阶段，能源科技创新处于爬升期，创新环境营造、创新投入、创新产出与发达经济体差距明显，不过创新成效差距相对较小。美国、中国分别是 G7 国家、BRICS 国家的领跑者，且领先优势显著，作为全球最大的两个可再生能源生产、消费和投资市场国家，也是全球最大的碳排放国家，在清洁低碳转型上任重道远。

3）国家政策决心影响创新环境营造，不同国家对能源科技创新的认识、布局等各有侧重。大部分 G20 国家在能源科技创新环境营造上表现出强烈的政策信号，发达国家在能源管理体制、监管体系、政策激励等，以及对能源创新的支持力度和清洁发展环境的重视程度上，普遍强于发展中国家。各国均重视能源科技创新顶层设计，基于各自能源资源禀赋特点，纷纷出台强有力的国家能源转型战略规划和行动，以推动本国能源系统的低碳绿色转型，掀起全球碳中和行动大潮。纵观全球能源科技发展动态和各国推动能源科技创新的举措，绿色低碳创新特征凸显，能源转型、节能和能效提升、未来低碳出行、能源和燃料替代等成为主要方向，并集中在化石能源清洁高效利用，可再生能源大规模开发利用，绿色氢能，先进核能，大规模储能，碳捕集、利用和封存，综合能源系统等重点领域。

4）能源科技创新被视为新一轮科技革命和产业革命的突破口，投入水平呈多极化分布。美国、中国引领了全球能源科技创新投入布局，日本、德国、法国、英国保持着较高的投入水平，且研发资金、人力投入、基础设施建设主要集中在以上国家。长期稳定的经费支持是能源科技创新的重要保障，美国、日本、法国、德国等发达国家以及中国均保持较高的投入总额和强度，尤其是清洁能源技术研发创新成为主要方向。随着可再生能源成本的不断下降以及各国政府的扶持政策，G20国家可再生能源就业市场蓬勃发展，太阳能、风能、生物质能成为主要就业领域，以中国、巴西为代表的发展中国家迅速成长。除中国外，发达国家在电动汽车、加氢站、智能电网、储能等基础设施方面布局更早。

5）能源强国必然具备规模高效的科技创新实力，随着各国能源创新生态体系的优化，规模化、高质量创新产出不断涌现。各国在能源科技创新的产出水平普遍与投入相匹配，更具活力、更高强度、更加多元的创新投入水平，易带来规模高效的创新产出。美国在创新产出效率、质量上一家独大，发达国家创新产出水平均强于发展中国家，且领先优势明显；中国积极参与到全球能源科技创新活动中，创新产出水平仅次于美国、日本。在能源科技论文产出规模上，中国、美国是主力军，但产出强度以澳大利亚、加拿大、德国更高；日本、美国、德国三国占据全球能源领域技术专利产出的"半壁江山"，更加注重知识产权的保护，在全球主要市场均做了专利布局，保护力度全面；美国、中国是全球最具吸引力的两大可再生能源市场，产业培育效果最为明显，并有效推动了全球电动汽车、先进储能等清洁能源产业的迅速扩张。

6）构建清洁低碳、安全高效的现代能源体系已成为各国战略重点，各国创新成效发展水平较为均衡。与各国自身的能源资源禀赋、供应和消费结构、能源对外依存度、经济产出效率等因素有关，以巴西为代表的一些发展中国家已赶超部分发达国家，各国之间能源科技创新成效差距正在逐步缩小，化石燃料依赖型、能源自给率低的国家普遍表现更差。在清洁发展上，电力结构低碳化或去碳化已成为发展潮流，巴西、加拿大、法国拥有更加清洁的电力系统，澳大利亚、加拿大、美国空气治理成效更好。在低碳发展上，净零排放成为各国战略重点，各国在一次能源碳强度、单位 GDP 能源相关二氧化碳强度、人均能源相关二氧化碳排放量等方面取得一系列进展，尤以法国改善最为显著，巴西、加拿大可再生能源消费结构更优。资源禀赋不同导致能源安全发展差异显著，俄罗斯是化石能源资源大国和出口大国，页岩革命推动美国、加拿大加速实现能源独立，相反日本、韩国在很大程度上依赖能源和燃料进口，德国能源和电力供应结构更加多元化。变革性关键技术突破与示范推动各国力争实现能源高效发展，逐步与经济增长"脱钩"，G20 国家（除巴西、沙特阿拉伯）一次能源强度持续下降，经济产出效率逐步提升；南非维持较高电力装机容量利用率，美国、巴西、中国保持着较高的核电效率，韩国、德国、日本、中国在输配电上保持着较低的损耗率，具有显著优势。

第二节　启示

当前，百年大疫与百年变局不期而遇、叠加共振，深刻加剧经济社会系统性变革，深远影响全球治理体系。与此同时，全球能源格局深刻调整，创新要素和创新资源加速流动，推进绿色低碳技术创新、建设现代能源体系已经成为国际共识，能源清洁低碳转型加速已成为全球发展趋势。

（1）以"碳达峰，碳中和"目标引导深化能源革命建设能源强国

由于气候问题的迫切性，强化碳排放约束以应对气候变化已成为国际社会共识，为此越来越多的国家政府提出碳中和目标及时间表，而且以欧盟、德国、英国为代表的国家（组织）还提出了详细的碳中和战略，并制定了相关法律法规作为法定约束目标，出台了一系列的绿色经济复苏计划，对中长期零碳发展做出了系统部署。我国一方面需要加强对碳中和目标内容和实现路径的不断迭代研究，定期更新分阶段、分地区、分部门的碳达峰、碳中和发展战略、

路线图和施工图，明确我国碳中和的目标范围和实现路径，并及早有序推出国家层面的法律法规，建立与国际接轨统一互认的标准体系，加强全面统筹和综合协调，积极推进我国经济社会的全面绿色低碳转型；另一方面，能源系统绿色低碳转型是实现碳中和的重中之重，因此要尽快研究制定并持续更新支撑"碳达峰，碳中和"战略目标的中长期能源科技发展路线图，加快零碳发电、大规模储能、氢能、智慧能源网络、新能源交通、绿色化工、零能耗建筑等创新技术的研发与应用，以深化能源革命建设能源强国，支撑我国经济社会可持续发展。

（2）发挥新型举国体制优势强化营造良好创新环境

近年来，基于国际、国内形势变化及自身能源结构特点，世界主要发达国家均将绿色低碳能源技术视为新一轮科技革命和产业变革的突破口，积极实施和调整中长期能源科技战略，并将其作为顶层指导营造有利于创新的政策环境，引领能源科技创新工作长期可持续推进。我国需要紧扣能源科技绿色低碳发展时代脉搏，围绕"双碳"目标和"四个革命、一个合作"的战略思想，制定科学系统的能源科技顶层发展战略和行动计划，强化打造面向重大科技需求的国家战略科技力量，有序推进能源领域国家重大科技专项和重点研发计划专项研发布局，鼓励打造自主产业链和开展区域示范引导产业创新，建立良好的创新生态体系让创新活力充分涌流。

（3）构建长期稳定多元的能源科技投入支持体系

保障持续的研发投入（资金、人才和基础设施）是提升国家能源科技创新能力的基础，要着力构建长期、稳定、多元的科研投入体系。首先，需要形成政府公共经费、企业资金与其他社会资本共同参与、各有侧重的资金投入体系，并通过科研项目管理体制改革，提升研发经费投入的针对性和有效性，提高研发资金的使用效率，政府公共经费重点支持原创性基础研究和关键核心技术攻关项目，企业资金以试验开发及应用示范为主，撬动更多金融资本推动产业升级。其次，加强人才队伍建设，人才是促进能源技术创新及产业发展的根本动力，需要建设一支结构合理、素质优良的能源科技创新人才队伍，激发各类人才的创新活力和潜力。最后，针对构建现代能源体系的特点，需要加强特高压电网、分布式微网、规模储能、充电加氢站等新型基础设施建设，推动高比例可再生能源消纳与系统互联，交通、建筑等行业电气化，并在能源转型过程中促进社会经济结构变革。

（4）开展原创研究提高产出影响力并加强全球化知识产权布局

我国在众多领域的科技论文发文量都位居世界前列，但国际影响力距离主要发达国家还有一定差距，有待进一步增强。我国能源科技创新已进入"领跑、并跑、跟跑"三跑并存的阶段，科研工作需要更多转向"从0到1"的原始创新，解决事关国家发展与安全的重大科学问题，改革简单重视数量的评价导向，着力提高原创性研究的成果质量，以增强国际影响力。此外，欧美发达国家高度重视知识产权的保护，非常重视其专利技术在全球范围内进行广泛、有效的布局，以此抢占技术制高点。为了在国际竞争中处于有利地位，我国需要高度关注知识产权问题，加强知识产权布局全球化意识，注重专利积累和有效维权。

（5）打通产学研一体化机制促进能源科技成果转化提升创新效益

产学研协同创新既能使企业利用高校和科研机构的研究成果，加快创新速度，又能提高高校和科研机构的成果转化率，现已成为各国创新体系的重要组成部分。我国需要明晰高校和科研机构科研成果的使用权，鼓励科研人员以产业化或资本化的方式实现科技成果转化，鼓励龙头企业联合高校、科研机构和行业上下游企业共建能源研发创新联合体，并加大对创新联合体的专项政策支持，包括承接国家重大科技项目，税收减免及加大研发费用税前扣除，组建专门的技术转移服务机构，完善产学研相关法律法规，引导建立国家级和地区级重要研发中心、工程技术中心和检验检测中心等开放研究平台。

（6）着眼于能源科技创新全链条进行研究体系布局

能源科技创新流程不是单向的，而是涉及多个利益相关方的交互式、迭代式创新。先进技术的应用部署和商业化，是能源科技创新成功的最终评价标准。需要以应用为目标导向，整合现有的基础研究、能源领域应用研究和工业示范各阶段资源投入，开展能源科技体制机制改革，加快建立健全我国能源科技创新体系，实现高水平科技自立自强。该体系包括鼓励跨学科、跨领域合作，打通原始创新—技术开发—试点示范—商业化—推广应用的整个创新链条；在国家层面建立多元化的能源科技风险投资基金，以"揭榜挂帅"的方式激励高风险、高回报的变革性重大关键技术开发，利用政府资源投入来撬动民间资本，并完善支持首台（套）先进重大能源技术装备示范应用的政策，推动将越来越多的科技成果写在祖国大地上。

附录

ETII 指标解释说明

考虑到各国统计机构公开数据的口径以及研究时限性，如无特殊说明，本书指标数据的检索采集时间截至 2021 年 4 月 30 日。

一、创新环境

创新环境主要用来反映能源科技创新活动的制度建设、软环境营造情况，主要设定碳中和行动、政策环境、研发环境和清洁发展环境四个二级指标进行评估。

1. 碳中和行动

碳中和行动主要用于衡量各国在应对全球气候变化方面的战略和政策雄心，包括碳中和战略目标、碳中和政策评估两个三级指标。

1）碳中和战略目标。反映国家在碳中和行动上的战略决心，数据来源于各国公开数据，按立法约束、政策文件、政治承诺、正在讨论等不同类型多元计分计算。

2）碳中和政策评估。反映各个国家气候行动政策稳健性、完整性和可实现性等，包括电力、低碳燃料、运输、建筑、工业、循环经济六个方面，数据来源于彭博新能源财经。

2. 政策环境

政策环境主要反映各个国家能源科技创新战略规划制定、管理体制机制建设情况，以及对国际合作的引导和扶持力度，包括能源法律体系、能源发展战略、能源产业监管、能源管理体制和能源国际合作五个三级指标。

1）能源法律体系。指国家能源全领域法律法规，二元计分计算。

2）能源发展战略。指国家能源全领域发展战略、路线图或中长期发展规划，二元计分计算。

3）能源产业监管。指国家层面能源产业监管体系建设情况，包含以下三个方面：①能源行业监管机构和制定监管制度，二元计分计算；②营商环境，数据来源于世界银行《营商环境 2020》报告；③金融环境，数据来源于联合国环境规划署 2019 年发布的《可持续金融进展报告》（Sustainable Finance Progress Report ）。

4）能源管理体制。指国家能源主管部门，反映国家能源发展政府机构建设情况，包含以下四种类型：①设置独立的国家能源主管部门，如能源部等；②实行能源与矿产、资源、气候相关领域合并的大部制，如能源与自然资源部、能源与气候变化部；③设在经济、商务等部门下的二级部门；④无国家能源主管部门。

5）能源国际合作。指参与国际合作示范项目的情况，数据来源于国际能源署技术合作研究计划（Technology Collaboration Programme）以及"创新使命"（Mission Innovation）组织的"使命挑战"技术合作研究计划。

3. 研发环境

研发环境主要衡量国家是否为能源科技创新活动提供完备的研发资助机制和投入建制化力量，包括国家能源研发计划、国家能源研发资助机构和国家能源科研机构三个三级指标。

1）国家能源研发计划。指国家是否设有专门的能源研发计划，多元计分计算。包含以下三种类型：① 设立专门的国家级能源研发计划；②国家级科研计划下设能源领域研发计划；③无国家级能源研发计划。

2）国家能源研发资助机构。指国家是否设有专门的能源研发资助机构，多元计分计算。包含以下三种类型：①设立专门的国家能源研发资助机构；② 国家研发资助机构下设能源研发资助部门；③无能源研发资助机构。

3）国家能源科研机构：指国家是否设有专门的能源科研机构/创新平台，多元计分计算。包含以下三种类型：①设立专门的国家能源科研机构/创新平台；②国家能源科研机构下设能源研究单元；③无能源科研机构。

4. 清洁发展环境

清洁发展环境主要用于衡量各国清洁能源技术发展的支持和监管力度，包括可再生能源发展、能效发展、电气化发展、先进核能发展、氢能发展和新能源汽车发展六个三级指标。

1）可再生能源发展。反映国家可再生能源发展环境营造情况，数据来源于世界银行 2020 年发布的"可持续能源监管"（regulatory indicators for sustainable energy，RISE）指数。

2）能效发展。反映国家能源效率发展环境营造情况，数据来源于世界银行 RISE 指数。

3）电气化发展。反映国家电气化发展环境营造情况，数据来源于世界银行 RISE 指数。

4）先进核能发展。反映国家先进核能方面的战略规划、法律法规、监管体系等发展环境，数据来源于国际原子能机构、国际能源署、世界核能协会以及各国规划。

5）氢能发展。反映国家氢能方面的战略规划、法律法规、监管体系等发展环境，数据来源于国际能源署、国际氢能经济和燃料电池伙伴计划组织以及各国规划。

6）新能源汽车发展。数据来源于国际能源署《全球电动汽车展望报告2021》以及各国规划。

二、创新投入

创新投入主要用来衡量国家对能源科技创新活动的资源投入力度、创新人才供给能力及创新活动所依赖的基础设施建设和投入水平，主要设定公共资金投入、人力投入和基础设施投入三个二级指标进行评估。

1. 公共资金投入

公共资金投入主要评价国家支持能源科技研发活动的公共经费投入总量、强度、分布情况，包括能源公共研发经费总额、能源公共研发经费投入强度、清洁能源公共研发经费占比和能源基础研究经费投入占比四个三级指标。

1）能源公共研发经费总额，百万美元。指国家能源公共研发经费投入总额，数据来源于国际能源署能源 RD&D 统计数据库、《"创新使命"国家亮点报告》（Mission Innovation Country Highlights）以及权威公开资料分析。

2）能源公共研发经费投入强度，美元／千美元。指国家能源公共研发经费投入与每千美元 GDP 的比值，反映国家能源研发经费投入强度，数据来源于国际能源署能源 RD&D 统计数据库、《"创新使命"国家亮点报告》以及权威公开资料分析。

3）清洁能源公共研发经费占比，％。指清洁能源公共研发经费投入所占比例，数据来源于国际能源署能源 RD&D 统计数据库、《"创新使命"国家亮点报告》以及权威公开资料分析。

4）能源基础研究经费投入占比，%。指能源基础研究经费占公共研发经费总额比例，反映能源基础研究投入强度，数据来源于国际能源署能源RD&D 统计数据库、《"创新使命"国家亮点报告》以及权威公开资料分析。

2. 人力投入

人力投入主要反映国家参与能源技术活动的人力投入结构，根据数据可获取性原则，包括每百万人 R&D 人员（全时当量）数、万名就业人员中可再生能源从业人员数、太阳能从业人员数占可再生能源从业人员比例和风能从业人员数占可再生能源从业人员比例四个三级指标。

1）每百万人 R&D 人员（全时当量）数，人。反映国家研发人力投入强度，为国际上比较科技人力投入而制定的可比指标。R&D 人员（全时当量）指全时人员数加非全时人员按工作量折算为全时人员数的总和。数据来源于联合国统计。

2）万名就业人员中可再生能源从业人员数，人。反映国家可再生能源就业投入强度，数据来源于国际可再生能源署发布的《可再生能源与就业：年度回顾 2020》（Renewable Energy and Jobs：Annual Review 2020）。

3）太阳能从业人员数占可再生能源从业人员比例，%。指可再生能源从业人员中太阳能从业人员占比，数据来源于国际可再生能源署发布的《可再生能源与就业：年度回顾 2020》。

4）风能从业人员数占可再生能源从业人员比例，%。指可再生能源从业人员中风能从业人员占比，数据来源于国际可再生能源署发布的《可再生能源与就业：年度回顾 2020》。

3. 基础设施投入

基础设施投入反映国家能源基础设施建设水平，包括百万人口公共充电桩拥有量、电动汽车车桩比、加氢站数量、输电网长度、储能装机容量五个三级指标。

1）百万人口公共充电桩拥有量，个。指公共充电设施配置效率，数据来源于国际能源署《全球电动汽车展望报告 2020》。其中，公共充电桩保有量指国家电动汽车公共充电桩（含快充和慢充）数量，数据来源于国际能源署。

2）电动汽车车桩比。指电动汽车与充电桩配备效率，数据来源于国际能源署发布的《全球电动汽车展望报告 2020》。

3）加氢站数量，个。反映国家公共加氢站建设情况，数据来源于国际能源署 2020 年发布的《移动式燃料电池应用：市场趋势追踪报告》（Report on Mobile fuel cell application: Tracking market trends）。

4）输电网长度，千米。指国家输电网建设情况，数据来源于"创新使命"智能电网创新挑战年度报告以及各国官方统计公开数据。

5）储能装机容量，千瓦。指国家储能项目装机额定功率总和，数据来源于美国能源部全球储能数据库（Global Energy Storage Database）。

三、创新产出

创新产出主要反映能源领域科技创新的知识、技术、产业等产出规模及质量情况，主要设定知识创造、技术创新、产业培育三个二级指标进行评估。

1. 知识创造

知识创造反映国家能源科技创新产出能力和知识传播能力，包括单位 GDP 能源科技论文发文量、人均能源科技论文发文量和 TOP 1% 高被引能源科技论文三个三级指标。

1）单位 GDP 能源科技论文发文量，篇 / 百亿美元。指 2011 ～ 2020 年国家单位 GDP 能源领域科技论文发文量，数据来源于 Web of Science。

2）人均能源科技论文发文量，篇 / 百万人。指 2011 ～ 2020 年国家百万人能源领域科技论文发文量，数据来源于 Web of Science。

3）TOP 1% 高被引能源科技论文，篇。指 2011 ～ 2020 年国家 TOP 1% 高被引科技论文数量，数据来源于 Web of Science。

2. 技术创新

技术创新主要从专利角度评估国家能源科技创新产出能力，包括能源领域五方专利申请量、能源领域 PCT 专利申请量两个三级指标。

1）能源领域五方专利申请量，件。指 2008 ～ 2017 年国家能源领域五方专利申请量（申请日期），五方专利指在美国、欧洲专利局、日本、中国和韩国专利局均进行同族专利申请，数据来源于经济合作与发展组织科学工业与创新数据库。

2）能源领域 PCT 专利申请量，件。指 2008 ~ 2017 年国家能源领域 PCT 专利申请量（申请日期），数据来源于经济合作与发展组织科学工业与创新数据库。

3. 产业培育

产业培育主要评估能源科技创新活动吸引投资、产业化发展等方面的情况，包括全球新能源企业 500 强数量、可再生能源国家吸引力指数、可再生能源投资总额（不含大水电）、可再生能源装机总量（不含水电）、氢能示范项目产能、先进核能示范项目数量和电动汽车市场份额七个三级指标。

1）全球新能源企业 500 强数量，家。指各国入选《中国能源报》"2020 全球新能源企业 500 强"榜单的企业数量。

2）可再生能源国家吸引力指数。反映国家可再生能源投资吸引竞争力，数据来源于安永会计师事务所 2020 年 11 月发布的第 56 版"可再生能源国家吸引力指数"（Renewable Energy Country Attractiveness Index，RECAI）。

3）可再生能源投资总额（不含大水电），百万美元。反映国家可再生能源（不含大水电）投资规模，数据来源于联合国环境规划署《全球可再生能源投资趋势报告 2020》。

4）可再生能源装机总量（不含水电），吉瓦。反映国家可再生能源（不含大水电）装机规模，数据来源于国际可再生能源署。

5）氢能示范项目产能，标准米^3/小时。指国家零碳标准氢能示范项目平均产能，数据来源于国际能源署氢能项目数据库（Hydrogen project database）。

6）先进核能示范项目数量，个。指正在运营的国家先进示范核能项目数量，数据来源于国际原子能机构先进反应堆信息系统（Advanced Reactors Information System，ARIS）。

7）电动汽车市场份额，%。反映国家电动汽车市场发展情况，指新售乘用车中电动汽车所占份额，数据来源于国际能源署《全球电动汽车展望报告 2020》。

四、创新成效

创新成效通过能源结构调整、能源安全改善、碳减排、节约能源、经济增长等方面，表征清洁低碳、安全高效的现代能源体系建设效果，反映能源科技创新的经济社会效益，主要设定清洁发展、低碳发展、安全发展和高效发展四个二级指标进行评估。

1. 清洁发展

清洁发展主要评估清洁能源技术发展情况，包括人均可再生能源发电量、人均生物燃料生产量、非化石能源发电量占比、$PM_{2.5}$浓度、空气污染致死率五个三级指标。

1）人均可再生能源发电量，千瓦时。反映国家可再生能源发展水平，数据来源于国际可再生能源署《可再生能源统计年鉴 2020》(Renewable Energy Statistics 2020)。

2）人均生物燃料生产量，千克标油。反映国家生物燃料发展水平，数据来源于英国石油公司《BP 世界能源统计年鉴 2020》(BP Statistical Yearbook of World Energy 2020)。

3）非化石能源发电量占比，%。反映国家非化石能源发电结构，数据来源于联合国《2019 能源统计年鉴》(2019 Energy Statistics Yearbook)。

4）$PM_{2.5}$ 浓度，微克 / 米 ^{3}。反映国家空气污染治理情况，数据来源于经济合作与发展组织。

5）空气污染致死率，人 / 百万人。反映因空气污染所带来的影响，数据来源于经济合作与发展组织。

2. 低碳发展

低碳发展主要反映能源低碳消费发展情况，包括一次能源碳强度、单位 GDP 能源相关二氧化碳强度、人均能源相关二氧化碳排放量、人均可再生能源消费量、现代可再生能源占终端能源消费比例五个三级指标。

1）一次能源碳强度，吨二氧化碳 / 吨标油。反映国家一次能源消费的二氧化碳排放量，数据来源于国际能源署《世界能源统计关键数据 2020》(Key World Energy Statistics 2020)。

2）单位 GDP 能源相关二氧化碳强度，千克二氧化碳 / 美元（按 2015 年购买力平价）。反映国家单位 GDP 能源相关二氧化碳排放量，数据来源于国际能源署《世界能源统计关键数据 2020》。

3）人均能源相关二氧化碳排放量，吨二氧化碳。反映燃料燃烧产生的人均二氧化碳排放量，数据来源于国际能源署《世界能源统计关键数据 2020》。

4）人均可再生能源消费量，千克标油。指国家人均可再生能源消费量，数据来源于联合国统计司全球可持续发展目标指数数据库（SDG Indicators Database）。

5）现代可再生能源占终端能源消费比例，%。指终端能源消费中现代可再生能源占比，数据来源于国际能源署。

3. 安全发展

安全发展主要分析国家能源安全供应水平，包括燃料进口占总商品进口的比例、能源进口依存度、主要能源资源储产比、一次能源和电力供应多样性四个三级指标。

1）燃料进口占总商品进口的比例，%。反映国家商品进口中燃料进口所占比例，其中燃料包括国际贸易标准分类（Standard International Trade Classification，SITC）第 3 类中的商品（矿物燃料），数据来源于世界银行。

2）能源进口依存度，%。指能源进口量占一次能源供应总量比例，用于衡量国家能源进口依赖程度，由能源进口依存度、煤炭进口依存度、石油进口依存度、天然气进口依存度组成。数据来源于联合国《2019 能源统计年鉴》。

3）主要能源资源储产比，年。反映国家能源领域主要资源储量情况，指已探明资源储量按当前技术可供开采年限，包含石油、煤炭、天然气三种。数据来源于英国石油公司《BP 世界能源统计年鉴 2020》。

4）一次能源和电力供应多样性。反映国家一次能源和电力供应的多样性，采用香农－威纳多样性指数方法测算。其中，一次能源供应数据来源于国际能源署《世界能源统计关键数据 2020》；电力供应数据来源于联合国《2019 能源统计年鉴》。

4. 高效发展

高效发展主要评价能源科技创新活动对改善能源效率的作用，包括一次能源强度、单位能耗 GDP 经济产出、电力装机容量利用率、核电容量因子、输配电损耗五个三级指标。

1）一次能源强度，兆焦／美元（按 2017 年购买力平价）。反映技术创新带来的单位经济产出能源消耗减少的效果，国内一次能源供应总量与 GDP 之比，数据来源于联合国统计司全球可持续发展目标指数数据库。

2）单位能耗 GDP 经济产出，美元（按 2017 年购买力平价）／兆焦。反映能源总体生产率，也反映了一国经济增长的集约化水平，指单位能源消耗的经济产值，数据来源于联合国统计司全球可持续发展目标指数数据库。

3）电力装机容量利用率，%。反映国家电力设施效率，指实际发电量占装机额定功率预期发电量比例，数据来源于联合国《2019 电力概览》（2019 Electricity Profiles）。

4）核电容量因子，%。反映国家核电发电效率，指实际发电量占装机额定功率预期发电量比例，数据来源于国际原子能机构。

5）输配电损耗，%。反映国家电力输配效率，数据来源于联合国《2019 电力概览》。